耕地质量建设理论与技术
——以广东省为例

李永涛　李文彦　等　编著

科学出版社
北京

内 容 简 介

本书从土壤质量、环境质量、管理质量和经济质量四个方面深入阐述了耕地质量的多层次综合概念，明确了耕地土壤质量的演变规律和地力提升综合技术在保障农业可持续生产和国家粮食安全中的战略意义。本书以广东省 2013～2014 年耕地地力评价数据为依据，对广东省耕地质量评价标准进行了划分，并分析了广东省耕地质量状况及其空间分布，找出了耕地质量存在的问题与障碍因素，构建了广东省种植业和功能区布局，并针对不同功能区耕地质量特征，建立了中低产田和高产田耕地质量的重点建设工程技术要点和技术规范。提出针对广东省耕地质量提升的具体建设措施、方案及污染耕地修复技术。

本书既可作为土壤与植物营养学、土地资源管理、农业资源与环境、生态学、环境科学与工程和农业耕作栽培学等专业本科生、研究生教学和科学研究参考书，也可作为国土资源、农业和环境保护等政府管理部门及相关企业从事耕地质量和土地整治工程的管理、技术人员的培训教材和参考书。

图书在版编目（CIP）数据

耕地质量建设理论与技术——以广东省为例/李永涛等编著. —北京：科学出版社，2017.3
ISBN 978-7-03-052386-0

Ⅰ. ①耕⋯ Ⅱ. ①李⋯ Ⅲ. ①耕作土壤–土地质量–质量管理–研究
Ⅳ. ①S155.4

中国版本图书馆 CIP 数据核字(2017)第 054222 号

责任编辑：朱 丽 程雷星 / 责任校对：韩 杨
责任印制：张 伟 / 封面设计：耕者设计工作室

斜 学 出 版 社 出版
北京东黄城根北街 16 号
邮政编码：100717
http://www.sciencep.com

北京教園印刷有限公司 印刷
科学出版社发行 各地新华书店经销
*

2017 年 3 月第 一 版 开本：720×1000 1/16
2017 年 3 月第一次印刷 印张：11 3/4
字数：250 000
定价：68.00 元
(如有印装质量问题，我社负责调换)

前　言

　　耕地是人类赖以生存和发展的极其重要的物质基础，与保障国家粮食安全、促进国民经济发展、维护社会稳定和国家自立的全局性重大战略问题有着密切的联系。习近平明确提出"耕地红线不仅是数量上的，也是质量上的"，李克强也要求"通过实施深松整地、保护性耕作、秸秆还田、施用有机肥等措施，恢复并提升地力"，因此加强耕地质量保护与提升是保障我国粮食等重要农产品有效供给的重要措施。国务院 2008 年印发的《国家粮食安全中长期规划纲要（2008—2020 年）》和国务院办公厅 2009 年印发的《全国新增 1000 亿斤粮食生产能力规划（2009—2020年）》等提出中低产田改造目标和高标准农田建设任务要如期完成。到 2020 年，我国粮食生产能力要达到 11000 亿斤以上，比现有产能增加 1000 亿斤；耕地保有量保持在 18 亿亩（1 亩≈666.67m²）红线，基本农田面积 15.6 亿亩，粮食播种面积稳定在 15.8 亿亩以上，粮食亩产水平达到 700 斤。2015 年"中央一号"文件提出了"实施耕地质量保护与提升行动"，联合国也将 2015 年确定为"国际土壤年"，呼吁各国注重土壤的可持续耕种。

　　为贯彻落实 2015 年"中央一号"文件精神和中央关于加强生态文明建设的部署，加强耕地质量保护，促进农业可持续发展，农业部制定了《耕地质量保护与提升行动方案》，并首次发布了《全国耕地质量等级情况公报》。这被认为是继 20世纪 80 年代全国第二次土壤普查后，当前耕地质量建设中最重要的一项基础性工作。这一系列国家政策和规划，为我国耕地质量的保护和改善，提供了前所未有的支撑条件，成为我国耕地保护工作的新起点。因此，要科学确定粮食增产技术路线，进一步明确以改造中低产田、提高耕地质量为战略重点。综上所述，研究耕地土壤质量的演变规律和地力提升综合技术，将为可持续性农业生产、粮食安全提供理论依据和关键技术支撑，对贯彻落实国家粮食计划、促进行业发展具有不可替代的区域特色及其战略意义。

　　广东省地处热带亚热带红壤区，是我国制造业基地和人口集聚区，水热资源丰富，耕地生产潜力巨大，不仅承担着本地区粮食自给的重任，还是全国南粮北运和供港的菜篮子。但随着广东省社会经济的快速发展，优质耕地被不断征用，耕地数量减少，耕地重用轻养现象普遍，全省耕地质量明显下降，农业综合生产能力降低，严重威胁着广东省的农业生产、粮食安全和可持续发展。因此，对广东省耕地质量进行评价并在此基础上进行提升建设十分必要。

　　本书以广东省 2013～2014 年耕地地力评价数据为依据,进行广东省耕地质量评价标准划分,并分析了广东省耕地质量状况及其空间分布,找出了耕地质量存在的问题与障碍因素。在对国内外耕地质量提升技术资料收集的基础上,提出了针对广东省耕地质量提升的建设措施,在以后一段时期内为广东省耕地资源保护、耕地质量提升、合理开发利用,各级农业决策者制定农业发展规划、调整种植业结构、建设农业现代化示范区提供了最基础、最直接的科学依据,也为今后大规模开展中低产田改造、土壤有机质提升、科学施肥等工作提供了技术支撑,以期发挥广东省耕地增产潜力,保障稳定的生产率、持续的肥力、健康的生态环境、资源的合理利用和抗风险缓冲能力,实现粮食持续稳定增产。

　　本书是在农业部耕地质量专家组多年研究和广东省耕地质量规划工作的基础上,由李永涛教授和李文彦博士负责全书的总体设计、组织、审校和定稿工作,曾思坚、林翠兰、汤建东、蔡燕飞、王进进、张玉龙、李晓晶等教师,以及研究生赵中秋、邓雯和周镇等编写人员共同努力下完成的。本书的编写,得到了广东省耕地肥料总站领导和专家的技术指导和数据支持,以及华南农业大学和农业部环境保护科研监测所等单位的鼎力相助,特此致谢。本书还得到了国家自然科学基金(U1401234)、国家科技支撑计划(2015BAD05B05)、公益性行业(农业)科研专项(201503107-7)和国家环境保护公益性行业科研专项(201509032)等项目的支持。

　　由于时间仓促,水平有限,书中难免存在疏漏与不足,欢迎读者朋友批评指正。

编　者

2016 年 8 月

目　　录

第一章 耕地质量概念与建设意义

第一节 耕地质量内涵

耕地质量概念来源于国外土地质量概念，联合国粮食及农业组织（Food and Agriculture Organization of the United Nations，FAO）认为土地质量指满足土地利用方式适宜性或持续性的土地综合属性；联合国开发计划署、联合国环境规划署认为土地质量是与农业生产、林业生产、环境保护与管理等各种土地利用需求相关的土地条件，是土地维持和发挥其功能的能力。

在国内，一般对耕地质量的理解是，耕地质量是指耕地的状况和条件。随着耕地质量问题越来越突出，一些学者开始对耕地质量概念进行了详细的研究。邹德生和马雁（1994）根据耕地质量的"诊断因子"对其概念进行了界定，认为耕地质量是以下七个诊断特性综合作用的反映：养分特性（包涵有效土层的有机质、全氮、速效磷等养分保储和供给能力）；盐渍化特性；根区的水、气、热状况；土体构型特征（指薄层型、均质型、底型、体型、心型和三段型分异特征）；人为土层特征（指灌溉淤积、施肥堆垫形成的灌淤层、厚熟层、灌淤水耕表层）；侵蚀性；耕性（主要指耕层质地、结构，耕层有机质等）。该定义充分体现了耕地质量的地力属性，即自然属性，研究的重点在于耕地系统的载体——土壤，而对于影响耕地的人为因素考虑得很少。吴群等（2011）认为"耕地质量指耕地各种性质的综合反映，是在一定的土地用途下其适宜性程度、肥力大小及产出能力的综合反映"，衡量耕地质量主要有三个方面的因素：耕地适宜性、耕地生产潜力、耕地现实生产力。其中，耕地适宜性是指耕地被持续用于特定用途时所表现出来的适宜与否及其程度的特性；耕地生产潜力是指在一定的自然生态条件下耕地所能生产人类所需生物产品的潜在能力；耕地现实生产力是指耕地在现有的农业生产技术、管理与投入水平下所能达到的现实生产能力。定义中虽然没有列出具体的量化指标，但除了考虑生产力因素外，还加入了耕地适宜性，体现了耕地质量变化的前后相继性。陈斌等（1995）认为，耕地土壤应包括土壤生产质量和土壤环境质量两个方面，以是否适于人类生产、生活和发展作为判断的标准。因此，既要有生产的观点，又要有生态的观点。其中，耕地"土壤的生产质量即土壤肥力，是土壤为植物生长供应和协调营养条件及环境条件的能力，包含水、肥、气、热等诸多因素，还包括土壤的物理性质、化学性质及生物条件等"，而"土壤的环境质量即土壤环境对人类健康的适宜程度，主要指土壤污染的程度"。这个界定较之前面两个更系统化、更清晰，将环境影响引入到了概念中。

综合来说，耕地质量是个多层次的综合概念，是指耕地的自然、环境和经济等因素的总和，相应的耕地质量内涵包括耕地的土壤质量、环境质量、管理质量和经济质量四个方面（段武德等，2011；陈印军等，2011）。耕地的土壤质量是耕地质量的基础，土壤质量是指土壤在生态系统的范围内，维持生物的生产力、保护环境质量及促进动植物和人类健康的能力（赵其国等，1997）；耕地的环境质量是指耕地所处位置的地形地貌、地质、气候、水文、空间区位等环境状况；耕地的管理质量是指人类对耕地的影响程度，如耕地的平整化、水利化和机械化水平等；耕地的经济质量是指耕地的综合产出能力和产出效率，是耕地土壤质量、环境质量和管理质量综合作用的结果，是反映耕地质量的一个综合性指标（陈印军等，2011）。

本书从耕地质量的目标出发，即基于安全可持续的农业生产，认为耕地质量包含耕地的生产能力、耕地产品的安全性和耕地发展的可持续性状况，分为耕地基础地力、耕地环境质量和耕地生物质量三个部分。其中，耕地地力指在当前管理水平下，由土壤立地条件、土壤自然属性和基础设施水平等要素综合构成的耕地生产能力；耕地环境质量指耕地土壤中有害物质对人或其他生物产生不良或有害影响的程度，主要有土壤重金属污染、农药残留等方面；耕地生物质量表征耕地土壤生态可持续发展的状况，包括土壤生物群落和功能的多样性、生态平衡等。

第二节　耕地质量建设的指导思想与原则

一、指导思想

耕地质量建设应以保障国家粮食安全和农业生态安全为目标，认真贯彻落实 2015 年"中央一号"文件和生态文明建设精神，树立耕地保护"量质并重"的理念，坚持生态为先、建设为重，以新建成的高标准农田、耕地污染退化重点区域和占补平衡补充耕地为重点，依靠科技进步，加大资金投入，推进工程措施与农艺措施相结合，实现耕地基础条件和内在质量同步提升，建立健全耕地质量建设与管理长效机制，守住耕地数量和质量红线，奠定粮食和农业持续稳定发展的基础。

广东省耕地质量建设应以科学发展观和广东省社会经济发展战略为统领，以"十分珍惜，合理利用土地和切实保护耕地"的基本国策为出发点，根据《广东省国民经济与社会发展第十二个五年规划》《广东省土地利用总体规划（2006~2020年）》《广东省国土规划（2006~2020 年）》和相关规划，以提高耕地综合生产能力、保障全省粮食基本自给为目标，以地力提升为重点，强化对障碍性土壤的改良和复垦土壤的培肥熟化，全面实施耕地基础条件和内在质量同步提升综合措施，提高地力等级、产出能力和稳产性能，建立健全耕地质量建设与管理长效机制，为保障粮食安全、实现农业增效、农民增收和农产品竞争力增强，实现农业可持续稳定发展，建设资源节约型、环境友好型社会提供坚实的基础。

二、基本原则

具有前瞻性，坚持量质并重、保护提升。在严格保护耕地数量的同时，更加注重耕地质量的保护和提升，不仅要保障粮食生产长期安全，还要使土地资源的开发利用满足社会经济可持续发展的要求。

具有协调性，坚持因地制宜、综合施策。根据不同区域耕地质量现状，分析主要障碍因素，实现土地资源开发与生态环境相协调，实现土地资源的可持续利用。

具有引导性，坚持突出重点、整体推进。坚持政府主导、农民主体、社会参与，创新投入机制，汇聚各方力量，增加资金投入，形成合力推动耕地质量保护与提升的格局。

第三节　耕地质量建设意义

加强耕地质量保护与提升是保障我国粮食等重要农产品有效供给的重大措施。习近平明确提出"耕地红线不仅是数量上的，也是质量上的"，李克强也要求"通过实施深松整地、保护性耕作、秸秆还田、施用有机肥等措施，恢复并提升地力"。国务院 2008 年和 2009 年印发的《国家粮食安全中长期规划纲要（2008~2020 年）》与《全国新增 1000 亿斤粮食生产能力规划（2009~2020 年）》中明确了中低产田改造目标和高标准农田建设任务要如期完成。到 2020 年，我国粮食生产能力要达到 11000 亿斤以上，比现有产能增加 1000 亿斤；耕地保有量保持在 18 亿亩红线，基本农田面积 15.6 亿亩，粮食播种面积稳定在 15.8 亿亩以上，粮食亩产水平达到 700 斤。2015 年"中央一号"文件提出了"实施耕地质量保护与提升行动"，联合国也将 2015 年确定为"国际土壤年"，呼吁各国注重土壤的可持续耕种。

为贯彻落实 2015 年"中央一号"文件精神和中央关于加强生态文明建设的部署，加强耕地质量保护，促进农业可持续发展，农业部制定了《耕地质量保护与提升行动方案》，规划到 2020 年，全国耕地基础地力提高 0.5 个等级以上，新建成的 8 亿亩高标准农田基础地力提高 1 个等级，土壤有机质含量提高 0.2 个百分点，耕地酸化、盐渍化、重金属污染等问题得到有效控制。畜禽粪便等有机肥养分还田率达到 60%、提高 10 个百分点，农作物秸秆综合利用率达到 80% 以上、提高 15 个百分点以上。主要农作物化肥使用量实现零增长，肥料利用率达到 40% 以上。

　　2015 年，农业部首次发布了《全国耕地质量等级情况公报》，以反映全国各区域耕地质量状况、存在的主要障碍因素和对农业生产的影响，并为有针对性地做好耕地质量建设、划定永久基本农田、开展占补平衡补充耕地质量验收提供了依据。这被认为是继 20 世纪 80 年代全国第二次土壤普查后，当前耕地质量建设中最重要的一项基础性工作。从 2002 年开始，农业部在全国范围启动了耕地地力调查和质量评价工作。2005 年以来，结合测土配方施肥项目实施，耕地地力调查与质量评价工作覆盖了所有农业县（场）。2013～2014 年，全国农业技术推广服务中心和农业部耕地质量建设与管理专家指导组，对全国耕地地力调查与质量评价结果进行了汇总分析。以全国 18.26 亿亩耕地为基数，耕地土壤图、土地利用现状图、行政区划图叠加形成的图斑为评价单元，从立地条件、耕层理化性状、土壤管理、障碍因素和土壤剖面性状等方面综合评价耕地地力，以大数据的形式对我国耕地情况进行了全景式呈现。

　　这一系列国家政策和规划，为我国耕地质量的保护和改善，提供了前所未有的支撑条件，成为我国耕地保护工作的历史新起点。因此，要科学确定粮食增产技术路线，进一步明确以改造中低产田、提高耕地质量为战略重点。为此，农业部出台了行业标准《全国中低产田类型划分与改良技术规范》（NY/T310—1996）。2007 年《中共中央国务院关于积极发展现代农业扎实推进社会主义新农村建设的若干意见》（即"中央一号"文件）强调了绿肥的重要性。2010 年，农业部、财政部制定了《2010 年土壤有机质提升补贴项目实施指导意见》，进一步加大了土壤有机质提升的补贴力度，加快改良土壤、培肥地力的技术推广应用，指出在南方稻作区，以双季稻田为重点，继续推广稻田秸秆还田腐熟技术，改善土壤理化性状，提高土壤有机质含量。2011 年，农业部办公厅关于印发《2011 年全国测土配方施肥工作方案》的通知，坚持"增产、经济、环保"的科学施肥理念，以普及行动和示范县（场）创建为"抓手"，以创新推广模式和工作机制为动力，加快测土配方施肥成果转化和应用，不断提升科学施肥水平，合理调控肥料使用结构和数量，切实提高肥料利用效率。

　　综上所述，研究耕地土壤质量的演变规律和地力提升综合技术，将为可持续性农业生产、粮食安全提供理论依据和关键技术支撑，对贯彻落实国家粮食计划、促进行业发展具有不可替代的战略意义。

第四节　广东省耕地质量建设必要性

一、广东省耕地资源在国家粮食安全战略的重要地位

广东省属于热带亚热带气候，水热资源丰富，具有很高的生产潜力。广东省耕地资源不仅承担着供求矛盾最突出、需求最集中的华南地区粮食自给的重任，还为经济发展最活跃的香港、澳门地区提供安全优质的农产品，更是全国人民冬季的"菜篮子"，为南菜北运做出了巨大贡献。广东省耕地保有量为 4752.19 万亩，基本农田面积为 3982 万亩，改革开放多年来，广东省以占全国 2.5% 的耕地面积创造出占全国 6.2% 的农业总产值，全省每亩耕地单位产值居全国第 2 位，农业总产值居全国第 6 位，其中稻谷产量全国排名第 9。广东省是北运菜、供港蔬菜的主要生产基地之一，蔬菜产量全国排名第 8，另外广东省还是香蕉、龙眼、荔枝、柑橘、芒果等热带亚热带特色水果的主要产区，香蕉的种植面积和产量一直稳居全国第一。荔枝的种植面积约占全国栽种面积的 45%，已成为世界荔枝栽种最大面积产区。广东省柑橘种植面积和产量均居国内前列，2007 年种植面积达 21.4 万 hm^2，居全国第 3 位，产量达 211.37 万 t，居全国第 2 位。广东省耕地资源在华南区域粮食安全和全国粮食安全中占有重要的战略地位，对推进社会主义新农村建设、实现全面建设小康社会目标和构建社会主义和谐社会具有十分重要的理论和实际意义。

二、广东省耕地质量制约华南区域产业发展

广东省的工业化和城市化水平在全国各省份中居于前列，为支撑我国参与世界经济循环和引领我国经济发展发挥了重要作用。然而，广东省人多地少，根据土地利用变更调查数据，广东省土地面积为 1798 万 hm^2。其中，耕地面积为 327.22 万 hm^2，占广东省土地总面积的 18.2%。人均耕地为 0.047 hm^2，仅为全国人均耕地水平的 1/2，明显低于联合国划定的 0.053 hm^2 的人均耕地最低警戒线；加上农业结构调整和灾毁，省内耕地面积呈现逐年下降的趋势。同时，由于工业"三废"的大量排放、农药和化肥的广泛使用，长期以来以资源环境为代价换取经济增长的传统发展模式占据主导地位，导致省内耕地减少和质量退化日趋严重、资源支撑能力减弱、土地利用结构不合理和节约集约水平较差，人地矛盾日益突出、经济社会发展与资源环境保护的矛盾日趋尖锐，在很大程度上威胁到广东省食品安全和生态安全。同时，较快的经济发展也带来了建设用地需求加大，土地供需矛盾极其突出，耕地占补平衡难以为继，保护耕地和保障发展难以协调的问题。

参 考 文 献

陈斌, 吉训凤, 赵峰, 等. 1995. 关于耕地土壤质量管理的思考. 农业环境与发展, 02: 9-11.

陈印军, 肖碧林, 方琳娜, 等. 2001. 中国耕地质量状况分析. 中国农业科学, 17: 3557-3564.

段武德, 陈印军, 翟勇, 等. 2011. 中国耕地质量调控技术集成研究. 北京: 中国农业科技出版社.

吴群, 郭贯成, 刘向南, 等. 2011. 中国耕地保护的体制与政策研究. 北京: 科学出版社.

赵其国, 孙波, 张桃林. 1997. 土壤质量与持续环境 I. 土壤质量的定义及评价方法. 土壤, 03: 113-120.

邹德生, 马雁. 1994. 耕地质量及其管理问题浅议. 新疆环境保护, 04: 197-200.

第二章　广东省耕地质量属性与建设条件

第一节　广东省耕地质量现状

一、广东省耕地的地理要素特征

1. 地理位置

广东省地处中国大陆最南部。东邻福建省，北接江西省、湖南省，西连广西壮族自治区，南临南海，珠江口东西两侧分别与香港特别行政区、澳门特别行政区接壤，西南部雷州半岛隔琼州海峡与海南省相望。全境位于 20°09′N～25°31′N 和 109°45′E～117°20′E。东起南澳县南澎列岛的赤仔屿，西至雷州市纪家镇的良坡村，东西跨度约 800 km；北自乐昌市白石镇上坳村，南至徐闻县角尾乡灯楼角，跨度约 600 km。北回归线从南澳—从化—封开一线横贯广东省。全省陆地面积为 17.97 万 km²，约占全国陆地面积的 1.85%。其中岛屿面积为 1592.7 km²，约占全省陆地面积的 0.89%。全省大陆海岸线长 4114.4 km，居全国第一位，岛屿个数为 1431，岛屿岸线长 2428.7 km。截至 2013 年 12 月 31 日，全省共有 21 个地级市、23 个县级市、37 个县、3 个自治县、58 个市辖区、11 个乡、7 个民族乡、1128 个镇、446 个街道（办事处）。

2. 自然条件

广东省属于东亚季风区，从北向南分别为中亚热带、南亚热带和热带气候，是中国光、热和水资源最丰富的地区之一。从北向南，年平均日照时数由不足 1500 h 增加到 2300 h 以上，年太阳总辐射量为 4200～5400 MJ/m²，年平均气温为 19～24℃。全省平均日照时数为 1745.8 h，年平均气温为 22.3℃。1 月平均气温为 16～19℃，7 月平均气温为 28～29℃。

广东省降水充沛，年平均降水量为 1300～2500 mm，全省平均为 1777 mm。降水的空间分布基本上也呈南高北低的趋势。受地形的影响，有利于水汽抬升形成降水的山地迎风坡有恩平、海丰和清远 3 个多雨中心，年平均降水量均大于 2200 mm；在背风坡的罗定盆地、兴梅盆地和沿海的雷州半岛、潮汕平原少雨区，年平均降水量小于 1400 mm。降水的年内分配不均，4～9 月的汛期降水占全年的 80% 以上；年际变化也较大，多雨年降水量为少雨年的 2 倍以上。

洪涝和干旱灾害经常发生，台风的影响也较为频繁。春季的低温阴雨、秋季的寒露风和秋末至春初的寒潮和霜冻，也是广东省多发的灾害性天气。

3. 土地利用方式

根据广东省统计年鉴（2014 年），2012 年广东省土地利用变更调查的土地总面积为 17969269.10 hm^2。各地类中林地用地面积最大，达 10066642.43 hm^2，占全省土地总面积的 56.02%。其次是耕地，为 2614436.73 hm^2，占总面积的 14.55%，其中水田面积为 1671020.77 hm^2，占耕地面积的 63.92%，水浇地面积为 120217.87 hm^2，占耕地面积的 4.60%，旱地面积为 823198.09 hm^2，占耕地面积的 31.49%；其余用地类型中园地为 1301700.59 hm^2，占总面积的 7.24%；草地为 3192.65 hm^2，占总面积的 0.02%；其他农用地为 1063528.39 hm^2，占总面积的 5.92%。建设用地中城镇村及工矿用地为 1551217.28 hm^2，占总面积的 8.63%；交通运输用地为 158689.98 hm^2，占总面积的 0.88%；水库与水工建筑用地为 193612.45 hm^2，占总面积的 1.08%。未利用土地为 458065.44 hm^2，占总面积的 2.55%；其他土地为 558180.95 hm^2，占总面积的 3.11%（表 2-1）。

表 2-1　2012 年广东省土地利用状况

	土地类型	面积/hm^2	百分比/%
	耕地	2614436.73	14.55
	水田	1671020.77	—
	水浇地	120217.87	—
	旱地	823198.09	—
农用地	园地	1301700.59	7.24
	林地	10066642.43	56.02
	草地	3192.65	0.02
	其他农用地	1063528.39	5.92
	城镇村及工矿用地	1551217.28	8.63
建设用地	交通运输用地	158689.98	0.88
	水库与水工建筑用地	193612.45	1.08
未利用地	未利用土地	458065.44	2.55
	其他土地	558180.95	3.11
	合计	17969266.9	100

4. 耕地制度分区

根据《农用地分等定级规程》广东省耕作制度分区，将广东省耕地分为珠江三角洲平原区、粤东沿海丘陵台地区、潮汕平原区、粤北山地丘陵区、粤中南丘陵地区、雷州半岛丘陵台地区和粤西南丘陵地区，共 7 个地区，其位置如图 2-1 所示。其中，珠江三角洲平原区、潮汕平原区、粤东沿海丘陵台地区和粤中南丘陵地区耕作制度都为两年五熟，即甘薯-稻-稻、春花生-秋甘薯；雷州半岛丘陵台地区和粤西南丘陵地区耕作制度为一年三熟，即薯-稻-稻；粤北山地丘陵区耕作制度为一年两熟，即稻-稻或春花生-秋甘薯。

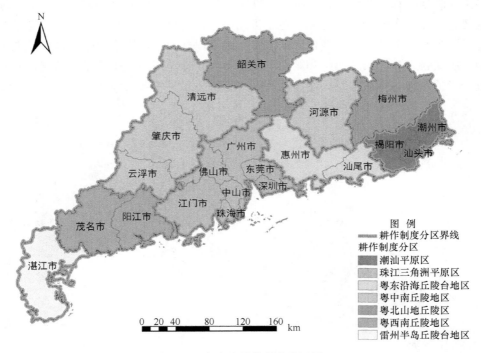

图 2-1　广东省耕作制度分区图

图中耕作制度分区忽略掉部分细碎斑块，以方便观察，数据统计仍然严格按照实际区域

二、广东省耕地土壤养分状况

广东省土壤属性数据来源于广东省省级耕地地力评价工作，共在全省 105 个县（市、区）41.59 个样点中遴选了 10280 个样点作为省级汇总评价样点，其中水田样点 7978 个，旱地样点 1570 个，水浇地样点 732 个，每个样点代表面积约 3815 亩，测定其包括土壤有机质、氮素、有效磷、速效钾、中量与微量元素等耕地土壤养分状况与土壤酸碱度、质地与耕层厚度等耕地土壤其他属性，并利用全国第二次土壤普查养分分级标准进行分级评价。

1. 土壤有机质

广东省耕地土壤有机质含量整体偏低，有 77.77%的耕地有机质含量处于第三等级（含量在 20～30 g/kg）。有机质含量为一级（含量高于 40 g/kg）的耕地集中分布在清远市连山壮族瑶族自治县，仅占全省总耕地面积的 0.05%。有机质含量为二级（含量在 30～40 g/kg）的耕地也仅占总耕地面积的 9.09%，主要分布在粤中南丘陵地区和粤北山地丘陵区。有机质含量为四级（含量 10～20 g/kg）的耕地主要分布在广东省的东南区域，包括雷州半岛丘陵台地区、潮汕平原区、粤东沿海丘陵台地区和粤西南丘陵台地区这四个地区，并且，这四个地区超过 95%的耕地有机质含量处在第三等级和第四等级。另外，珠江三角洲平原地区东莞市有超过一半的耕地有机质含量处在第四等级，有机质含量整体偏低（图 2-2）。

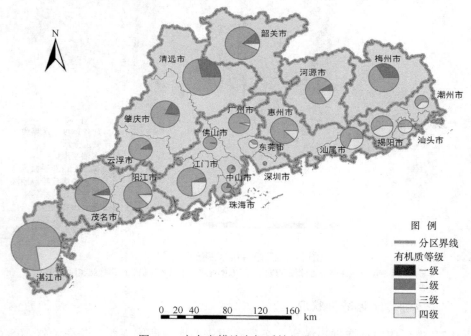

图 2-2　广东省耕地有机质等级分布图

2. 土壤氮素

广东省耕地土壤全氮含量总体上处于中等水平。72.11%的耕地全氮含量在 1.0～1.5 g/kg，处于第三等级；处于第二等级（含量为 1.5～2.0 g/kg）的耕地占全省总耕地面积的 21.92%，二、三等级加起来面积比例达到 96.29%。全氮含量处

于第一等级（含量大于 2.0 g/kg）的耕地只有 38.68 万亩，仅占全省总耕地面积的
0.99%，其中绝大部分分布在梅州市、清远市和中山市。虽然中山市全氮含量处于
第一等级的耕地只有 8.51 万亩，但因该市耕地总面积较小，其面积比例达到
45.64%，且全氮含量集中分布在第一和第二等级。清远市和梅州市也有超过一半
的耕地全氮含量处在第一和第二等级。中山市、清远市和梅州市含氮量丰富，其
所在区域珠江三角洲平原区、粤中南丘陵地区和粤北山地丘陵区土壤含氮水平也
整体较高。此外，全氮含量处于第四等级（含量为 0.75～1.0 g/kg）的耕地主要分
布在潮汕平原区、雷州半岛丘陵台地区和粤东沿海丘陵台地区，粤西南丘陵区也
有少量分布；处于第五等级（含量为 0.5～0.75 g/kg）的耕地有 57.12%分布在潮
汕平原区的汕头市（图 2-3）。

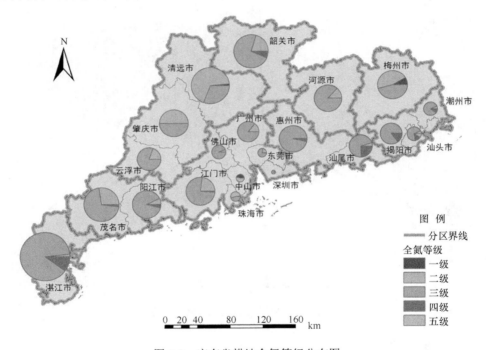

图 2-3　广东省耕地全氮等级分布图

3. 土壤有效磷

广东省耕地土壤有效磷总体上属于丰富水平。有效磷含量处于第一等级（含
量≥40 mg/kg）的耕地占全省耕地总面积的 21.43%，主要分布在珠江三角洲平原
区、粤西南丘陵地区、雷州半岛丘陵台地区、粤东南沿海丘陵台地区及粤北山地
丘陵区。其中，东莞市、深圳市和中山市这三个地级市虽然耕地面积小，但超过

98%的耕地有效磷含量处在第一等级；广州市和佛山市超过60%的耕地处在第一等级；茂名市作为广东省耕地面积第三大的地级市，68.71%的耕地有效磷含量处在第一等级，达到了233.71万亩，是全省有效磷含量处于第一等级面积最大的地级市。全省67.67%的耕地有效磷含量处于第二等级（含量为20～40 mg/kg）。含量处于第三等级（含量为10～20 mg/kg）的耕地虽然仅占全省总耕地面积的10.90%，但分布较广，主要分布粤中南丘陵地区、潮汕平原区和雷州半岛丘陵台地区，粤西南丘陵地区的阳江市和珠江三角洲平原区的江门市、广州市也有较少分布（图2-4）。

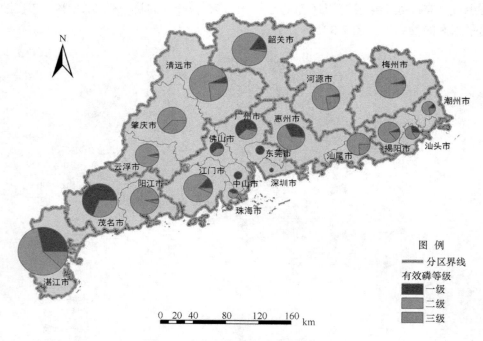

图 2-4　广东省耕地有效磷等级分布图

4. 土壤速效钾

如图2-5所示，广东省耕地土壤速效钾含量总体偏低，70.03%的耕地速效钾含量处于第四等级（含量为50～100 mg/kg）；处于第三等级（含量为100～150 mg/kg）的耕地占全省耕地总面积的15.80%，主要分布在珠江三角洲平原区、雷州半岛丘陵台地区、粤东南沿海丘陵台地区、粤北山地丘陵区和粤中南丘陵地区；处于第一和第二等级（含量≥150 mg/kg）的耕地仅占全省耕地总面积的2.45%，集中分布在珠江三角洲平原区和粤中南丘陵地区。中山市、东莞市和珠海市三个地级市

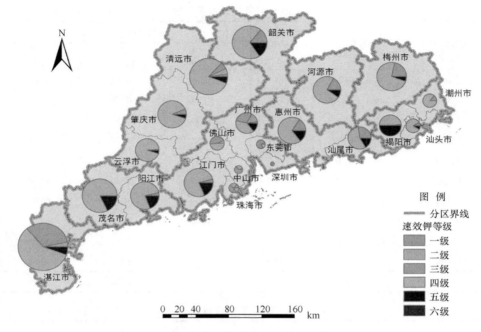

图 2-5 广东省耕地速效钾等级分布图

虽然耕地面积小，但超过 80% 的耕地速效钾含量处于前三等级；深圳市、佛山市和广州市也有 50% 左右的耕地处于前三等级；雷州半岛丘陵台地区也有 30.32% 的耕地处于前三等级。处于第五等级（含量为 30～50 mg/kg）的耕地占全省耕地总面积的 11.70%，主要分布在潮汕平原区、粤西南丘陵地区和粤东沿海丘陵台地区，以及珠江三角洲的江门市和广州市、粤北山地丘陵区的韶关市。处于第六等级（含量≤30 mg/kg）的耕地仅占全省耕地总面积的 0.03%，集中分布在清远市和阳江市。

5. 土壤中量元素

1）土壤有效硫含量

广东省耕层土壤有效硫含量在各等级的分布频率见表 2-2。由表 2-2 可知，有效硫含量一级、二级和三级的样点分别占总样点数的 40.22%、25.88% 和 33.90%，表明全省有三分之一的耕地土壤有效硫处于缺乏状态，其中粤西南丘陵地区阳江市、珠江三角洲平原区佛山市及粤中南丘陵地区清远市表现出明显的缺硫状况。

2）土壤有效钙含量

广东省耕层土壤有效钙含量在各等级的分布频率见表 2-3。耕地土壤有效钙含量属一级、二级的样点分别占总样点的 17.77%、17.01%，属三级、四级和五级的

表 2-2　耕地土壤有效硫含量状况　　　　　（单位：mg/kg）

调查区域	含量范围	平均值	含量分级（频率 %）		
			一级 ≥30	二级 16～30	三级 <16
佛山市	4.6～29.6	16.7	0.00	60.00	40.00
广州市	10.4～286.0	47.9	45.28	45.28	9.43
江门市	0.4～93.9	29.3	53.85	7.69	38.46
茂名市	18.9～428.0	57.4	84.91	15.09	0.00
清远市	2.0～168.0	24.0	13.85	32.31	53.85
韶关市	1.4～489.8	36.0	24.67	27.63	47.70
阳江市	2.0～31.7	13.4	10.00	30.00	60.00
云浮市	7.0～229.0	52.3	64.00	24.80	11.20
湛江市	1.0～246.0	30.5	27.33	22.67	50.00
肇庆市	4.2～268.3	30.0	25.27	30.77	43.96
总计	0.4～489.8	39.4	40.22	25.88	33.90

表 2-3　耕地土壤有效钙含量状况　　　　　（单位：mg/kg）

调查区域	含量范围	平均值	含量分级（频率 %）				
			一级 ≥1000	二级 700～1000	三级 500～700	四级 300～500	五级 <300
佛山市	26.3～709.3	233.3	0.00	20.00	0.00	0.00	80.00
广州市	276.5～4316.3	1374.9	55.10	22.45	8.16	12.24	2.04
河源市	101.0～287.0	128.7	0.00	0.00	0.00	0.00	100.00
惠州市	143.2～3137.9	736.2	13.46	30.77	36.54	13.46	5.77
江门市	230.4～1642.5	754.0	21.62	18.92	27.03	29.73	2.70
茂名市	66.0～3209.5	587.5	7.24	18.97	26.21	34.14	13.45
清远市	0.4～2413.9	381.8	10.87	7.97	5.80	17.39	57.97
韶关市	1.7～6335.6	1003.4	24.49	24.08	23.27	21.22	6.94
阳江市	1.5～39.9	10.6	0.00	0.00	0.00	0.00	100.00
云浮市	39.7～9571.4	1022.6	31.20	15.20	16.00	20.80	16.80
湛江市	0.5～4269.8	377.4	11.85	8.06	10.43	13.27	56.40
肇庆市	91.1～14848.6	943.3	29.63	25.93	15.74	22.22	6.48
总计	0.4～14848.6	697.9	17.77	17.01	17.69	21.03	26.50

样点分别占总样点的 17.69%、21.03%和 26.50%，表明广东省耕地土壤有效钙含量属中等水平，但粤西南丘陵地区阳江市、雷州半岛丘陵台地区湛江市、珠江三

角洲平原区佛山市及粤中南丘陵地区清远市、河源市表现出明显的缺钙状况。

3）土壤有效镁含量

广东省耕层土壤有效镁含量在各等级的分布频率见表 2-4。有效镁含量主要集中在五级，其样点占总样点的 69.42%，其次是四级，占总样点的 17.68%，有效镁含量属一级、二级和三级的样点很少，分别仅占 3.34%、2.35% 和 7.21%。表明广东省绝大多数耕地土壤有效镁严重缺乏。

表 2-4　耕地土壤有效镁含量状况　　　　　　　（单位：mg/kg）

调查区域	含量范围	平均值	含量分级（频率 %）				
			一级 ≥300	二级 200～300	三级 100～200	四级 50～100	五级 <50
佛山市	15.5～173.1	64.9	0.00	0.00	20.00	20.00	60.00
广州市	8.7～461.2	113.0	6.12	18.37	10.20	20.41	44.90
河源市	17.0～93.0	29.9	0.00	0.00	0.00	4.26	95.74
惠州市	7.28～131.3	51.4	0.00	0.00	5.77	42.31	51.92
江门市	8.5～634.5	146.7	18.92	8.11	8.11	13.51	51.35
茂名市	1.1～595.0	38.0	0.35	0.35	3.48	17.42	78.40
清远市	0.1～1002.8	92.6	9.42	2.90	10.14	17.39	60.14
韶关市	0.1～895.5	89.9	7.85	4.55	10.33	19.01	58.26
阳江市	0.1～1.0	0.5	0.00	0.00	0.00	0.00	100.00
云浮市	1.4～223.3	63.7	0.00	0.80	18.40	35.20	45.60
湛江市	0.018～154.5	8.1	0.00	0.00	0.94	3.30	95.75
肇庆市	0.1～387.1	49.9	0.88	1.75	7.89	19.30	70.18
总计	0.018～1002.8	57.8	3.34	2.35	7.21	17.68	69.42

6. 土壤微量元素

根据广东省省级耕地地力评价结果，微量元素中，土壤有效铁含量属丰富水平，但缺硼的情况较为严重。有效锰、有效铜、有效锌在不同地区有不同程度的缺乏现象。

1）土壤有效硼含量

广东省耕层土壤有效硼含量在各等级的分布频率见表 2-5，其含量在 0.01～4.31 mg/kg，平均为 0.35 mg/kg。有效硼含量主要集中在一级和二级，其样点分别占总样点的 39.85% 和 36.74%，其次是三级，占 20.44%，属四级和五级的样点很少，分别仅占 2.22% 和 0.74%。以低于 0.5 mg/kg 为缺硼临界值来看，有 76.59% 的样点土壤有效硼含量在缺硼临界值以下。可见，广东省耕地土壤普遍处于严重缺硼状态。

表 2-5　耕地土壤有效硼含量状况　　　（单位：mg/kg）

调查区域	含量范围	平均值	含量分级（频率 %）				
			一级 <0.2	二级 0.2～0.5	三级 0.5～1.0	四级 1.0～2.0	五级 >2.0
东莞市	0.13～1.49	0.37	11.76	76.47	5.88	5.88	0.00
佛山市	0.23～0.30	0.27	0.00	100.00	0.00	0.00	0.00
广州市	0.03～1.50	0.48	16.95	38.98	37.29	6.78	0.00
河源市	0.07～0.24	0.15	94.81	5.19	0.00	0.00	0.00
惠州市	0.01～0.50	0.12	80.00	18.00	2.00	0.00	0.00
江门市	0.33～1.33	0.58	0.00	58.33	33.33	8.33	0.00
茂名市	0.01～1.62	0.38	22.22	52.17	24.15	1.45	0.00
梅州市	0.02～0.55	0.13	88.89	7.41	3.70	0.00	0.00
清远市	0.01～1.78	0.42	16.85	53.93	25.84	3.37	0.00
汕头市	0.08～1.35	0.50	15.38	42.31	34.62	7.69	0.00
汕尾市	0.05～1.20	0.25	58.82	29.41	5.88	5.88	0.00
韶关市	0.01～0.92	0.29	40.24	42.23	17.53	0.00	0.00
阳江市	0.04～0.59	0.18	65.52	29.31	5.17	0.00	0.00
云浮市	0.02～0.43	0.18	66.67	33.33	0.00	0.00	0.00
湛江市	0.04～4.31	0.61	17.06	44.71	27.65	4.71	5.88
肇庆市	0.01～1.20	0.32	51.05	20.92	26.36	1.67	0.00
中山市	0.50～1.10	0.73	0.00	0.00	70.00	30.00	0.00
总计	0.01～4.31	0.35	39.85	36.74	20.44	2.22	0.74

2）土壤有效铁含量

广东省耕层土壤有效铁含量在各等级的分布频率见表 2-6。广东省耕地有效铁含量在 0.1～926.0 mg/kg，平均值为 113.4 mg/kg。根据第二次土壤普查养分分级标准，以低于 4.5mg/kg 为缺铁临界值来看，本次调查的广东省耕地土壤除个别样点外，大多数样点有效铁含量均在缺铁临界值之上，且达极丰富水平的样点比例高达 91.78%以上。因此，广东省属于有效铁含量极丰富地区。

3）土壤有效锰含量

广东省耕层土壤有效锰含量在各等级的分布频率见表 2-7。广东省耕地土壤有效锰的含量在 0.1～283.0 mg/kg，平均值为 19.0 mg/kg。土壤有效锰含量属一级的样点占总样点的 1.97%，属二级的占 27.35%，属三级的占 33.38%，属四级的占 20.54%，五级的占 16.77%。以低于 5 mg/kg 为缺锰临界值来看，广东省有 29.32%的耕地土壤样点有效锰含量在缺锰临界值以下，即有部分耕地土壤出现不同程度

表 2-6 耕地土壤中有效铁含量状况 （单位：mg/kg）

调查区域	含量范围	平均值	含量分级（频率 %）				
			一级 <2.5	二级 2.5～4.5	三级 4.5～10.0	四级 10.0～20.0	五级 ≥20.0
东莞市	15.2～219.2	86.5	0.00	0.00	0.00	5.88	94.12
佛山市	73.7～749.5	420.5	0.00	0.00	0.00	0.00	100.00
广州市	1.1～278.6	107.9	0.77	0.00	1.54	0.77	96.92
河源市	24.1～301.6	129.5	0.00	0.00	0.00	0.00	100.00
惠州市	6.9～404.0	96.5	0.00	0.00	1.64	1.64	96.72
江门市	22.7～252.5	102.2	0.00	0.00	0.00	0.00	100.00
揭阳市	27.7～251.9	104.7	0.00	0.00	0.00	0.00	100.00
茂名市	6.7～301.2	85.6	0.00	0.00	0.69	5.15	94.16
梅州市	13.5～624.8	248.0	0.00	0.00	0.00	2.06	97.94
清远市	0.9～296.0	67.9	1.96	2.51	8.38	11.45	75.70
汕头市	7.9～360.6	91.6	0.00	0.00	7.69	12.31	80.00
汕尾市	32.52～370.0	140.8	0.00	0.00	0.00	0.00	100.00
韶关市	0.5～926.0	129.7	0.42	0.00	1.49	6.16	91.93
阳江市	3.7～225.6	77.9	0.00	3.23	5.38	3.23	88.17
云浮市	20.4～204.3	101.4	0.00	0.00	0.00	0.00	100.00
湛江市	0.1～773.0	135.4	1.41	2.35	1.41	1.88	92.96
肇庆市	2.0～514.4	112.6	0.42	0.00	0.00	1.67	97.91
中山市	79.0～371.0	175.8	0.00	0.00	0.00	0.00	100.00
总计	0.1～926.0	113.4	0.58	0.71	2.34	4.59	91.78

缺锰的状况。缺锰的土壤样点主要位于粤西南丘陵地区的阳江市与茂名市，粤东沿海丘陵台地区的惠州市。

4）土壤有效铜含量

广东省耕层土壤有效铜含量在各等级的分布频率见表 2-8。广东省耕地土壤有效铜含量在 0.01～40.00 mg/kg，平均为 2.66 mg/kg。土壤有效铜含量属一级、二级的样点占总样点的 2.77%；三级的样点占总样点的 21.54%；四级的样点占总样点的 21.54%；五级的样点占总样点的 54.14%。以低于 0.2 mg/kg 为缺铜临界值来看，广东省耕地基本不缺铜。从各个地市的情况来看，珠江三角洲地区的东莞市、佛山市、广州市、中山市及梅州市、韶关市、清远市耕地有效铜含量水平较高，平均含量达到 3 mg/kg 以上，惠州市、江门市、汕尾市、阳江市和湛江市耕地有效铜含量水平则较低，含量低于平均值 2.66 mg/kg。

表 2-7　耕地土壤有效锰含量状况　　　　　　（单位：mg/kg）

调查区域	含量范围	平均值	含量分级（频率 %）				
			一级 <1.0	二级 1.0～5.0	三级 5.0～15	四级 15～30	五级 ≥30
东莞市	3.4～45.7	18.0	0.00	17.65	47.06	11.76	23.53
佛山市	3.5～41.9	16.3	0.00	17.65	41.18	17.65	23.53
广州市	0.4～174.0	25.5	3.10	27.91	30.23	13.95	24.81
河源市	2.3～82.1	19.7	0.00	6.48	22.22	62.96	8.33
惠州市	0.3～56.5	8.9	4.92	46.72	28.69	13.11	6.56
江门市	1.0～132.7	19.8	0.00	28.57	35.71	11.43	24.29
揭阳市	3.2～25.7	12.4	0.00	15.38	50.00	34.62	0.00
茂名市	0.5～88.7	8.5	2.43	50.00	32.99	11.46	3.13
梅州市	1.6～141.2	55.7	0.00	4.12	11.34	14.43	70.10
清远市	0.1～283.0	24.0	3.92	15.97	32.21	22.69	25.21
汕头市	4.0～247.2	36.1	0.00	3.08	16.92	49.23	30.77
汕尾市	1.0～95.3	15.7	0.00	22.86	42.86	22.86	11.43
韶关市	0.6～185.8	12.7	0.64	31.13	40.09	20.90	7.25
阳江市	0.4～32.9	6.6	4.30	53.76	30.11	8.60	3.23
云浮市	2.7～113.8	34.4	0.00	5.56	30.56	25.00	38.89
湛江市	0.4～204.0	20.1	2.80	37.38	32.24	10.75	16.82
肇庆市	0.1～85.6	18.5	1.26	13.03	43.28	24.79	17.65
中山市	10.8～132.8	74.7	0.00	0.00	10.00	20.00	70.00
总计	0.1～283.0	19.0	1.97	27.35	33.38	20.54	16.77

5）土壤有效锌含量

广东省耕层土壤有效锌含量在各等级的分布频率见表 2-9。广东省耕地土壤有效锌的含量在 0.01～546.83 mg/kg，平均值为 3.67 mg/kg。土壤有效锌含量属一级的样点占总样点的 4.32%，二级的占 3.52%，三级的占 13.00%，四级的占 43.88%，五级的占 35.28%。以低于 0.5mg/kg 为缺锌临界值来看，广东省仅有 7.84%样点的土壤有效锌含量低于临界值，可见，广东省耕地土壤的有效锌含量丰富，耕地土壤基本不缺锌。

从各个地市的情况来看，梅州市耕地土壤有效锌含量相当丰富，平均值为 11.12 mg/kg。东莞市、佛山市、广州市、中山市、肇庆市、江门市及韶关市、清远市耕地土壤有效锌含量水平也相对较高，而惠州市、河源市、揭阳市、阳江市和湛江市耕地土壤有效锌含量水平则较低，含量低于平均值 3.67 mg/kg。

表 2-8　耕地土壤有效铜含量状况　　　　　　（单位：mg/kg）

调查区域	含量范围	平均值	含量分级（频率 %）				
			一级 <0.1	二级 0.1～0.2	三级 0.2～1.0	四级 1.0～1.8	五级 ≥1.8
东莞市	0.94～9.24	3.23	0.00	0.00	5.88	17.65	76.47
佛山市	0.40～8.60	3.21	0.00	0.00	5.88	17.65	76.47
广州市	0.08～12.70	3.16	0.77	0.00	6.92	20.00	72.31
河源市	0.45～5.90	2.48	0.00	0.00	2.78	16.67	80.56
惠州市	0.01～7.12	1.49	2.46	3.28	34.43	28.69	31.15
江门市	0.16～13.98	1.84	0.00	2.86	45.71	17.14	34.29
揭阳市	0.42～11.07	2.67	0.00	0.00	7.69	34.62	57.69
茂名市	0.10～40.00	2.12	0.00	2.43	38.89	31.25	27.43
梅州市	0.03～9.74	3.36	3.57	1.79	7.14	10.71	76.79
清远市	0.05～30.60	3.84	1.40	1.69	14.04	11.52	71.35
汕头市	0.31～36.78	2.64	0.00	0.00	15.38	33.85	50.77
汕尾市	0.28～12.46	1.62	0.00	0.00	37.14	45.71	17.14
韶关市	0.20～26.39	3.27	0.00	0.00	8.37	20.47	71.16
阳江市	0.03～11.60	1.51	2.17	6.52	42.39	25.00	23.91
云浮市	0.26～7.76	2.67	0.00	0.00	13.89	16.67	69.44
湛江市	0.01～9.56	1.32	3.25	6.50	45.12	19.51	25.61
肇庆市	0.04～36.00	2.69	0.42	0.42	14.58	24.58	60.00
中山市	3.06～9.89	6.46	0.00	0.00	0.00	0.00	100.00
总计	0.01～40.00	2.66	0.94	1.83	21.54	21.54	54.14

表 2-9　耕地土壤有效锌含量状况　　　　　　（单位：mg/kg）

调查区域	含量范围	平均值	含量分级（频率 %）				
			一级 <0.3	二级 0.3～0.5	三级 0.5～1.0	四级 1.0～3.0	五级 ≥3.0
东莞市	0.66～13.47	3.98	0.00	0.00	5.88	58.82	35.29
佛山市	1.66～8.80	4.40	0.00	0.00	0.00	35.29	64.71
广州市	0.32～19.54	3.97	0.00	3.85	6.15	41.54	48.46
河源市	0.29～7.86	1.93	0.93	0.00	1.85	86.11	11.11
惠州市	0.07～8.36	1.48	4.13	1.65	28.10	58.68	7.44
江门市	0.41～28.63	4.15	0.00	2.86	10.00	34.29	52.86
揭阳市	0.01～3.21	0.99	26.92	15.38	23.08	26.92	7.69
茂名市	0.08～17.45	2.01	7.24	7.93	21.03	43.10	20.69

续表

调查区域	含量范围	平均值	含量分级（频率 %）				
			一级 <0.3	二级 0.3~0.5	三级 0.5~1.0	四级 1.0~3.0	五级 ≥3.0
梅州市	0.58~98.80	11.12	0.00	0.00	2.06	12.37	85.57
清远市	0.04~71.43	5.37	0.84	0.84	4.49	41.57	52.25
汕头市	0.01~51.30	3.24	15.38	1.54	15.38	38.46	29.23
汕尾市	0.30~20.45	2.94	0.00	8.57	22.86	40.00	28.57
韶关市	0.16~546.83	4.45	0.70	0.70	13.02	51.86	33.72
阳江市	0.01~7.03	1.18	11.96	14.13	34.78	30.43	8.70
云浮市	0.53~6.19	2.33	0.00	0.00	13.89	63.89	22.22
湛江市	0.01~19.80	1.46	16.39	10.25	25.41	40.16	7.79
肇庆市	0.08~11.30	4.03	0.83	0.00	0.00	33.75	65.42
中山市	2.00~23.56	6.83	0.00	0.00	0.00	40.00	60.00
总计	0.01~546.83	3.67	4.32	3.52	13.00	43.88	35.28

三、广东省耕地土壤理化性质

1. 土壤酸碱度

广东省耕地普遍酸化，全省 99.86%的耕地 pH 小于 6.5，98.03%的耕地为酸性（pH 为 4.5~5.5）和微酸性（pH 为 5.5~6.5）。微酸性土壤面积比例超过一半的耕地主要分布在广东省东北半部（除河源市外），包括珠江三角洲平原区（除江门市外）、粤北山地区、潮汕平原区和粤东沿海丘陵台地区，以及粤中南丘陵地区的清远市；而酸性土壤面积比例超过一半的耕地主要分布在广东省西南半部，包括雷州半岛丘陵台地区、粤西南丘陵地区和粤中南丘陵地区（除清远市外），以及珠江三角洲的江门市；强酸性土壤（pH<4.5）虽然仅占全省耕地总面积的 0.14%，但集中分布在肇庆市德庆县，面积为 5.63 万亩；中性土壤（pH 为 6.5~7.5）仅占全省耕地总面积的 1.83%，其中有 90.25%分布在清远市（图 2-6）。

2. 土壤质地

广东省耕地土壤质地主要为轻壤土、砂壤土和中壤土。其中，65.27%的耕地为轻壤土，砂壤土和中壤土耕地面积比例分别为 15.45%和 11.24%。97.19%的轻黏土分布在雷州半岛丘陵台地区；中黏土主要分布在雷州半岛丘陵台地区和粤中

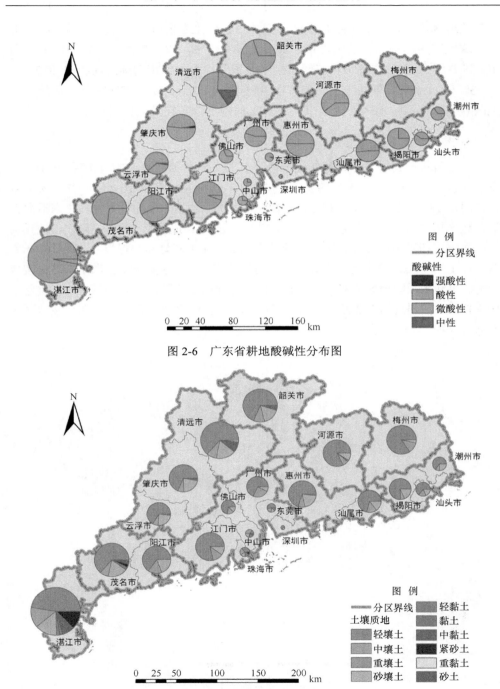

图 2-6　广东省耕地酸碱性分布图

图 2-7　广东省耕地土壤质地分布图

南丘陵地区，以及粤北山地丘陵区的韶关市；黏土主要分布在雷州半岛丘陵台地区，珠江三角洲平原区的中山市、珠海市和东莞市，以及粤西南丘陵地区的茂名市，其中，中山市、珠海市和东莞市黏土面积分别占到该市耕地总面积的 20.24%、15.43%和11.62%；重黏土主要分布在清远市。紧砂土主要分布在雷州半岛丘陵台地区和粤西南丘陵地区的茂名市；72.92%的砂土分布在茂名市（图 2-7）。

3. 耕层厚度

广东省耕地的耕层厚度整体处于中等水平，全省 96.03%的耕地耕层在 14 cm以上（包含 14 cm）；58.52%的耕地耕层在 16 cm 以上（包含 16 cm）；21.94%的耕地耕层在 18 cm 以上（包含 18 cm）。珠江三角洲平原区、潮汕平原区和粤东沿海丘陵台地区超过 98%的耕地耕层在 14 cm 以上。雷州半岛丘陵台地区、粤北山地丘陵区的梅州市和粤中南丘陵地区的云浮市有超过一半的耕地耕层厚度在 14～16 cm。耕层在 12～14 cm 的耕地占全省总耕地面积的 3.08%，主要分布在雷州半岛丘陵台地区、粤西南丘陵地区和粤中南丘陵地区，粤北山地丘陵区也有少量分布。耕层在 10～12 cm 的耕地占全省耕地总面积的 0.90%，其中主要分布在粤中南丘陵地区的清远市（图 2-8）。

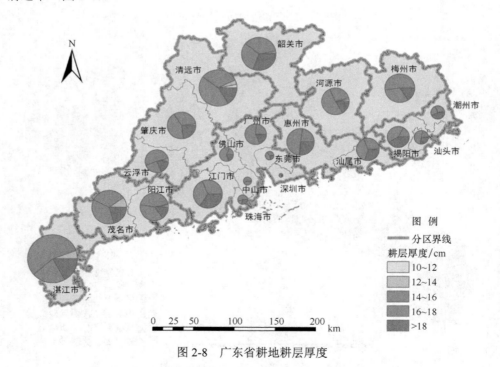

图 2-8　广东省耕地耕层厚度

第二节　广东省耕地质量建设条件分析

一、有利条件

1. 具有较大的增产潜力

广东省水热资源丰富，农田生产潜力巨大。全省 80% 多的耕地为中低产田，中低产田面积为 216.7 万 hm^2，如耕地地力每提高一个等级（1500 kg/hm^2），相当于增加粮食产量 325 万 t，增加粮食播种面积 62.67 万 hm^2，增加耕地面积 64 万 hm^2，农业生产能力和粮食增产潜力非常可观。耕地保有量潜力巨大，按照"十二五"规划，广东省明确了到 2015 年全省耕地保有量不低于 4366 万亩、基本农田保护面积不低于 3834 万亩的目标。2014 年，广东省的耕地保有量总面积为 4752.19 万亩，基本农田面积为 3982 万亩，均超过了新一轮土地利用总体规划确定的保护任务目标。

2. 具有良好的政策基础及扶持建设

国家先后出台了一系列的耕地质量保护政策。党的"十八大"召开以来，一系列中央会议多次强调"耕地红线一定要守住，红线包括数量，也包括质量"。2015 年"中央一号"文件提出"加强耕地质量保护与提升"；"十一五"至"十二五"期间，国家以提高耕地质量为重点，加强高标准基本农田建设，并进行了研究和示范应用。根据《广东省土地利用总体规划（2006—2020 年）》，"十二五"期间每年财政继续统筹安排 20 亿元，扶持建设 120 万亩（8 万 hm^2）标准农田，到 2015 年，扶持建设 600 万亩（40 万 hm^2）标准农田，建成高标准基本农田 100 万 hm^2 以上。

3. 具有较强的科技优势及成熟的技术

近些年，农业部在全国组织实施测土配方施肥、土壤有机质提升、节水农业、深松整地、保护性等项目，初步形成了一套不同区域耕地质量保护与提升的综合技术模式，并完成了全国县级耕地地力调查与质量评价工作，建立了县域耕地资源管理信息系统，发布了《全国耕地质量等级情况公报》，从国家到省（市、县）都设立了土壤肥料的推广机构和健全的科研和教学等机构；建立了国家、省、市、县四级耕地质量监测网络。广东省鼓励及支持科研单位研究、集成耕地保护和质量建设的新技术，如 GIS（geographic information system，地理信息系统）技术、GPS（global positioning system，全球定位系统）技术、网络传媒技术、计算机自动控制技术、数据库管理技术、现代农田监测技术等，努力推进技术标准化。组织专家制定中低产田改造或标准农田建设标准、技术规范等，全面提高耕地保护和地力建设的技术水平，实现农业科技进步的跨越式发展。

二、不利条件

1. 耕地区域差距明显，空间结构不合理

广东省土地利用不协调、区域差异十分明显。珠三角平原区土地及粤东沿海地区资源过度消耗，而粤西和粤西北山区的土地未能得到充分开发利用。珠三角平原区与粤东沿海地区土地利用率高，非农建设和农业结构调整占用大量耕地，耕地锐减，且城镇和工业"三废"排量大，污染严重。粤西沿海地区城市化水平较低，是广东省人均耕地最多的地区，但是该区域土地较为贫瘠，加上台风和干旱影响，农用地单产不高，产量不稳定，另外，该区域林业以种植桉树和松树林为主，生态效益差。粤西北山区丘陵山地为主，森林、矿产、水利和生物资源极其丰富，但全区土地利用不充分，大量荒坡荒地长期得不到很好的利用，地形复杂和交通不便也造成了土地的可垦率较低，单位面积生产潜力低，同时，水土流失和石灰岩贫瘠山区的面积大。因此，广东省耕地空间发展失衡造成了广东省耕地质量建设需要更强的针对性及时效性。

2. 耕地质量建设投入不足且管理制度不规范

国家及各级政府每年投入上百亿元资金改善农业基础设施，提高农田生产能力，但在土壤培肥、耕地质量建设方面长期基本没有专项扶持资金。虽然省政府从 2005 年起，便设立了耕地开发整理项目地力培育专项资金，但该专项资金量少，且专项用于易地开发新垦耕地，受益面窄，难以实现持续培肥新垦耕地地力的目标。同时，各级政府和农民在耕地保护和耕地利用上仍存在许多误区，呈现出"三重三轻"的倾向：一是在耕地保护工作中存在"重数量轻质量"的倾向；二是在农田建设中，存在"重耕地外部环境建设，轻土壤培肥"的倾向；三是在耕地利用中，普遍存在"重用轻养"的倾向，突出表现在肥料施用上"重化肥，轻有机肥"，致使耕地地力得不到有效的补充，重用轻养导致耕地土壤退化、耕层变浅、耕性变差、保水保肥和抗灾能力降低。

3. 耕地质量提升技术模式单一且缺乏原创性

经过数十年的努力，我国已经形成比较成熟的土壤改良与培肥模式及技术体系，取得了丰硕的成果。但现有的技术体系仍然以传统的单项技术为主，缺乏交叉学科技术集成。广东省低产田具有非常独特且鲜明的区域特征，而现有大多

技术体系以提高粮食产量为努力的主要目标，基本忽略了自然、社会经济、生态环境条件的差异，模式非常单一且多年不变。需要在调查了解各地区自然资源条件的基础上，结合本地区社会经济发展与生态环境建设的需要，研发因地制宜的低产田改良与利用模式，并应加强土壤学、农业生物学、生态学、微生物学和分子生物学等交叉学科融合技术研发，大力开展技术集成，创建多学科融合的技术体系。

第三节　广东省耕地质量建设目标

一、落实及提升耕地和基本农田保有量

落实《广东省土地利用总体规划（2006～2020 年）》确定耕地保护任务，2020 年耕地保有量不少于 290.87 万 hm^2，基本农田不少于 255.6 万 hm^2。耕地面积占土地面积比例稳定在 16% 以上，力争人均耕地面积达到联合国粮食及农业组织确定的警戒线的 60% 和全国人均水平的 1/3 左右，农村人均耕地达到 0.1 hm^2。落实《广东省土地整治规划（2011～2015 年）》，挖掘后备土地资源，积极推进土地整理复垦开发，加大补充耕地力度。通过围海造地新增土地 1 万 hm^2 以上；实现自然灾害损毁土地 100% 复垦，生产建设破坏土地 100% 按计划复垦，到 2020 年全省实现补充耕地 13 万 hm^2 以上。保持土地开发强度不超过 13%，当城镇化率达到 80% 时，农村居民点用地占城乡建设用地比例不超过 30%；开展特色果园、茶园、花卉、药材等经济作物基地土地整治，到 2010 年通过改造坡度 25° 以下的园地、山坡地补充耕地 10.68 万 hm^2，2020 年园地不少于 93.08 万 hm^2。

二、提高耕地农田质量及其生产力

落实国家《耕地质量保护与提升行动方案》与《广东省土地整治规划（2011～2015 年）》，80% 的耕地质量提升 0.5 个等级以上，新建成高标准农田基础地力提高 1 个等级，生产能力提高 20% 以上，实现耕地"稳量、提质、增效"，到 2020 年建成 1000 处 5000 亩连片的省级、1000 个 2000 亩连片的市级、5000 个 1000 亩连片的县级粮食和主要农产品集中生产基地高标准基本农田保护示范区，建设 1500 万亩（100 万 hm^2）以上高产稳产基本农田，使旱涝保收基本农田（累计 100 hm^2）比例提高到 40% 以上。有针对性地开展地力培肥，到 2020 年，使中低产田比例下降到 40%，土壤有机质含量提高 0.2 个百分点，畜禽粪便等有机肥养分还田率达到 60%、提高 10 个百分点，农作物秸秆综合利用率达到 80% 以上、提高 15 个百分点以上。

三、保障粮产品安全及生态效益

落实《到 2020 年化肥使用量零增长行动方案》与《到 2020 年农药使用量零增长行动方案》，开展化肥使用量零增长行动。按照"控、调、改、替"的技术路径，控制投入数量、调整使用结构、改进施肥方式，深入推进测土配方施肥、有机肥替代化肥、农企合作和新肥料新技术推广应用，力争 2020 年主要农作物化肥利用率达到 40% 以上、提高 5 个百分点，农作物化肥使用总量实现零增长。按照"控、替、精、统"的技术路径，控制病虫发生危害，推进高效低毒低残留农药替代高毒高残留农药和高效大中型药械替代低效小型药械，推行精准施药，实施病虫统防统治，实现农药减量控害，力争 2020 年农作物农药使用总量实现零增长。积极开展污染耕地修复示范，扩大污染耕地修复试验范围，强化示范推广，集成污染耕地修复综合技术模式，达到对污染土壤的安全利用。耕地酸化、盐渍化、重金属污染等问题得到有效控制。

参 考 文 献

广东省国土资源厅. 2006. 广东省土地利用总体规划(2006～2020 年).

广东省国土资源厅. 2011. 广东省土地整治规划(2011～2015 年).

广东省统计局. 2014. 广东统计年鉴—2014.

全国土壤普查办公室. 1993. 全国第二次土壤普查养分分级标准.

中华人民共和国农业部. 2015. 到 2020 年化肥使用量零增长行动方案.

中华人民共和国农业部. 2015. 到 2020 年农药使用量零增长行动方案.

中华人民共和国农业部. 2015. 耕地质量保护与提升行动方案.

第三章　广东省耕地质量评价及限制因子分析

第一节　广东省耕地地力评价

根据《省级耕地地力评价成果报告》，广东省耕地按质量等级由高到低依次划分为一等～十等，各等级耕地所占比例如图 3-1 所示。

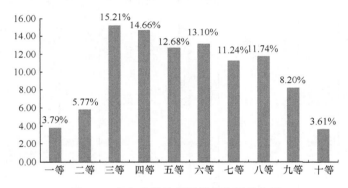

图 3-1　广东省耕地质量等级比例分布图

其中，评价为一等～三等的耕地（高产田）面积为 9714196 亩，占耕地面积的 24.77%，这部分耕地基础地力较高，产量高，基本不存在障碍因素，应按照用养相结合方式开展农业生产，确保耕地质量稳中有升；评价为四等～七等的耕地（中产田）面积为 20267938 亩，占耕地面积的 51.68%，这部分耕地基础地力为中等水平，是具有粮食增产潜力的重要区域；评价为八等～十等的耕地（低产田）面积为 9234407 亩，占耕地面积的 23.55%，其耕地基础地力相对差，应持续开展农田基础设施和耕地质量建设，可见，广东省耕地质量总体上属于中等水平。

如表 3-1 所示，从全省范围的耕地分布具体情况来看，高产田主要分布在茂名市和清远市，区域内高产田面积分别占全省高产田面积的 12.12% 和 10.64%，其次是梅州市、广州市和韶关市，分别占 9.01%、7.72% 和 7.39%；另外惠州市和江门市的高产田面积也相对较多，分别占 6.76% 和 6.94%；而其他地区的高产田占全省高产田比例低于 6%，其中深圳市和珠海市区域内耕地总量较少，高产田所占比例也低于 1%。中产田分布范围如下：湛江市中产田占全省中产田面积的比例最高，为 25.25%，其次是清远市和茂名市，分别占 9.26% 和 8.58%；另外韶

表 3-1　广东省耕地地力等级情况

市名称		一等地	二等地	三等地	四等地	五等地	六等地	七等地	八等地	九等地	十等地	总计
广州市	面积/亩	296612	237329	215936	169992	180758	77222	38515	43586	8559	—	1268509
	比例/%	23.38	18.71	17.02	13.40	14.25	6.09	3.04	3.44	0.67	—	100.00
深圳市	面积/亩	20961	1483	7373	3518	4494	2941	2899	1344	265	—	45278
	比例/%	46.29	3.28	16.28	7.77	9.93	6.50	6.40	2.97	0.59	—	100.00
珠海市	面积/亩	21565	19815	2720	96341	60236	40051	30823	—	—	—	271551
	比例/%	7.94	7.30	1.00	35.48	22.18	14.75	11.35	—	—	—	100.00
汕头市	面积/亩	42276	100979	131795	62789	41975	32539	33762	33443	63141	27098	569797
	比例/%	7.42	17.72	23.13	11.02	7.37	5.71	5.93	5.87	11.08	4.76	100.00
佛山市	面积/亩	194623	111928	68304	41627	40119	37058	38260	34775	—	—	566694
	比例/%	34.34	19.75	12.05	7.35	7.08	6.54	6.75	6.14	—	—	100.00
韶关市	面积/亩	43708	53642	620230	488487	436352	433459	309402	297033	366592	238977	3287882
	比例/%	1.33	1.63	18.86	14.86	13.27	13.18	9.41	9.03	11.15	7.27	100.00
河源市	面积/亩	—	58136	164741	350029	377661	395452	242332	224946	209671	105984	2128952
	比例/%	—	2.73	7.74	16.44	17.74	18.57	11.38	10.57	9.85	4.98	100.00
梅州市	面积/亩	146472	278009	451153	361095	363791	315534	231255	305462	9040	238977	2461811
	比例/%	5.95	11.29	18.33	14.67	14.78	12.82	9.39	12.41	0.37	7.27	100.00
惠州市	面积/亩	159604	156516	340294	366340	222324	184025	251658	241459	115859	78044	2116123
	比例/%	7.54	7.40	16.08	17.31	10.51	8.70	11.89	11.41	5.48	3.69	100.00
汕尾市	面积/亩	10441	23810	228377	346057	229064	127740	173070	114256	138654	76716	1468185
	比例/%	0.71	1.62	15.56	23.57	15.60	8.70	11.79	7.78	9.44	5.23	100.00
东莞市	面积/亩	38622	55315	15554	32533	14983	44677	10750	386	—	—	212820
	比例/%	18.15	25.99	7.31	15.29	7.04	20.99	5.05	0.18	—	—	100.00

续表

市名称		一等地	二等地	三等地	四等地	五等地	六等地	七等地	八等地	九等地	十等地	总计
中山市	面积/亩	85514	41489	—	—	45713	13758	—	—	—	—	186474
	比例/%	45.86	22.25	—	—	24.51	7.38	—	—	—	—	100.00
江门市	面积/亩	31856	88077	553841	322354	272154	212334	293970	294446	246891	37794	2353717
	比例/%	1.35	3.74	23.53	13.70	11.56	9.02	12.49	12.51	10.49	1.61	100.00
阳江市	面积/亩	45162	138779	299474	396768	289767	222639	200927	447220	217203	3160	2261099
	比例/%	2.00	6.14	13.24	17.55	12.82	9.85	8.89	19.78	9.61	0.14	100.00
湛江市	面积/亩	—	35014	491242	839761	749326	1611376	1106877	980751	839848	251147	6905342
	比例/%	—	0.51	7.11	12.16	10.85	23.34	16.03	14.20	12.16	3.64	100.00
茂名市	面积/亩	151082	306686	719656	442019	364612	452527	479683	303760	116382	64812	3401219
	比例/%	4.44	9.02	21.16	13.00	10.72	13.30	14.10	8.93	3.42	1.91	100.00
肇庆市	面积/亩	39164	22506	478681	278051	370160	268619	140309	239898	265793	137369	2240550
	比例/%	1.75	1.00	21.36	12.41	16.52	11.99	6.26	10.71	11.86	6.13	100.00
清远市	面积/亩	73889	294133	665724	492237	469764	369699	546017	658167	286500	198165	4054295
	比例/%	1.82	7.25	16.42	12.14	11.59	9.12	13.47	16.23	7.07	4.89	100.00
潮州市	面积/亩	—	15255	134351	97538	66451	41818	51195	68189	47220	17874	539891
	比例/%	—	2.83	24.88	18.07	12.31	7.75	9.48	12.63	8.75	3.31	100.00
揭阳市	面积/亩	64447	142900	204545	259930	166386	109733	80630	142264	99389	53372	1323596
	比例/%	4.87	10.80	15.45	19.64	12.57	8.29	6.09	10.75	7.51	4.03	100.00
云浮市	面积/亩	21165	81519	169722	303244	207552	143412	144639	173531	183343	124629	1552756
	比例/%	1.36	5.25	10.93	19.53	13.37	9.24	9.31	11.18	11.81	8.03	100.00
总计	面积/亩	1487163	2263322	5963716	5750713	4973643	5136615	4406973	4604916	3214349	1415141	39216541
	比例/%	3.79	5.77	15.21	14.66	12.68	13.10	11.24	11.74	8.20	3.61	100.00

关市、广州市、惠州市和江门市的中产田面积也较多，分别占 7.39%、7.72%、6.76% 和 6.94%；除了中山市和珠海市，其余市区均有低产田分布，其中湛江市低产田面积占全省低产田面积的比例最高，为 22.44%，其次是清远市和韶关市，分别占 12.38%和 9.77%；阳江市、肇庆市和江门市的低产田所占比例也较高，分别为 7.23%、6.96%和 6.27%。

从各市区域内耕地等级看，高产田面积占本市耕地总面积的比例较高的市级有中山市、深圳市、佛山市、广州市、东莞市和汕头市，所占比例分别为 68.11%、65.85%、66.14%、59.11%、51.45%和 48.27%；中产田面积占本市耕地总面积比例较高的市级包括珠海市、湛江市、云浮市、汕尾市、梅州市、茂名市和河源市，所占比例分别为 83.76%、62.38%、51.45%、59.66%、51.66%、51.12%和 64.13%；低产田面积占本市耕地总面积的比例较高的市级包括云浮市、湛江市、肇庆市、阳江市、韶关市和清远市，所占比例分别为 31.02%、30.00%、28.70%、29.53%、27.45%和 28.19%。

第二节　广东省耕地质量限制因素

广东省 7 个耕地分区，珠江三角洲平原区、粤东沿海丘陵台地区、潮汕平原区、粤西南丘陵地区、雷州半岛丘陵台地区、粤北山地丘陵区和粤中南丘陵地区耕地质量的限制因素如表 3-2 所示。

表 3-2　珠江三角洲平原区耕地质量限制因素

地市	主要限制因素
广州市	有机质、全氮含量中等，速效钾、有效镁含量低，农用地生产比较粗放，土地利用率很低，土壤易受重金属污染
深圳市	有机质、全氮、速效钾含量中等，农用地生产比较粗放，土地利用率很低，土壤易受重金属污染
珠海市	有机质、速效钾含量中等，部分地区地下水位偏高，水稻土表层土壤质地偏黏，旱作土表层土质地偏砂，土壤剖面构型通体偏砂，属重度浸水并伴有中度盐渍化
佛山市	有机质、全氮含量中等，速效钾、有效硫、有效钙、有效镁含量低，缺硼，水稻土表层土壤质地偏黏
江门市	有机质含量中等，速效钾、有效镁含量低，缺硼，酸性，中度浸水并伴有中度盐渍化
东莞市	有机质含量低，全氮、速效钾含量中等，缺硼
中山市	有机质、速效钾含量中等

表 3-3　粤东沿海丘陵台地区耕地质量限制因素

地市	主要限制因素
惠州市	有机质、全氮含量中等，速效钾、有效镁含量低，缺硼，缺锰，表层土壤质地整体偏砂，旱地土壤有机质含量偏少
汕尾市	有机质含量低，全氮含量中等，速效钾含量低，缺硼，酸性，表层土壤质地整体偏砂，伴有中度盐渍化

表 3-4　潮汕平原区耕地质量限制因素

地市	主要限制因素
汕头市	有机质含量低，全氮含量中等，速效钾含量低，旱作土土壤表层质地偏砂，土壤有中度盐渍化
潮州市	有机质、全氮含量中等，速效含量低，地下水位偏高严重，酸性，旱作土表层土壤质地偏砂，土壤剖面构型通体偏砂
揭阳市	有机质含量低，全氮含量中等，速效钾含量低，部分地区地下水位偏高，旱作土表层土壤质地偏砂

表 3-5　粤西南丘陵地区耕地质量限制因素

地市	主要限制性因素
阳江市	有机质、全氮含量中等，速效钾、有效硫、有效钙、有效镁含量低，缺硼，缺锰，酸性，土壤有中等程度的盐渍化
茂名市	有机质含量中等，速效钾、有效镁含量低，缺硼，缺锰，酸性，有效土层厚度较低旱作土表层土壤质地偏砂，旱地有机质含量偏低

表 3-6　雷州半岛丘陵台地区耕地质量限制因素

地市	主要限制性因素
湛江市	速效钾含量低，有效硫、有效钙、有效镁含量低，缺硼，酸性，水稻土表层土壤质地偏砂，旱地有机质含量偏低全氮含量中等，部分地区灌溉保证率不足，田面坡度较大

表 3-7　粤北山地丘陵区耕地质量限制因素

地市	主要限制因素
韶关市	有机质含量低，全氮含量中等，速效钾、有效硫、有效镁含量低，缺硼，地势起伏较大，水利设施不配套，灌溉保证率低，部分地区田面坡度较大，有地表岩石露头情况
梅州市	全氮含量中等，速效钾含量，低土壤质地黏重，缺硼，水利设施不配套，易滞水受渍部分田面坡度较大，水利设施不配套，易滞水受渍

表 3-8　粤中南丘陵地区耕地质量限制因素

地市	主要限制因素
清远市	速效钾含量低，旱地有机质含量偏少，有效硫、有效钙、有效镁含量低，缺硼，部分地区有石灰板结和铁盘层存在，有地表岩石露头情况
云浮市	有机质、全氮含量中等，速效钾、有效镁含量低，缺硼，酸性，部分地区有石灰板结和铁盘层存在
河源市	有效钙、有效镁含量低，缺硼，酸性，表层土壤质地偏砂，旱地有机质含量偏少
肇庆市	全氮含量中等，速效钾、有效硫、有效镁含量低，缺硼，酸性，地下水位相对较深，地形坡度对耕作有一定影响，土壤易受重金属污染

总体，耕地质量限制因素能够分为两类：

耕地基础地力限制因素。养分不均衡，有机质含量整体处于中等水平，且存在明显地域差异；全氮含量总体处于中等水平，潮汕平原区、粤东沿海丘陵台地区和雷州半岛丘陵台地区出现缺氮现象；有效磷含量总体处于丰富水平，但粤中南丘陵地区、潮汕平原区和汕尾市出现轻微缺磷现象；速效钾含量总体偏低，且普遍缺钾。中量元素中，近三分之一的耕地土壤缺硫情况较为严重。26.50%的土壤出现不同程度的缺钙，普遍严重缺镁。微量元素中，土壤有效铁含量属丰富水平，但缺硼的情况较为严重。有效锰、有效铜、有效锌在不同地区有不同程度的缺乏现象。

耕地环境质量限制因素。普遍酸化；清远市、韶关市、中山市和东莞市出现土壤质地过黏，珠海市、湛江市和茂名市既出现土壤质地过黏，也出现土壤质地过砂；清远市、茂名市和湛江市部分耕地耕层较薄，处于 14 cm 以下。广州市、深圳市、肇庆市及韶关市等易受重金属污染，珠海市、汕尾市、江门市、汕头市、阳江市存在中度盐渍化。

第三节　广东省耕地质量限制因素成因分析

一、耕地基础地力限制因素成因

1. 土壤母质及气候影响

广东省耕地受地带性成土母质和气候的影响，具有土壤物质循环速率较快，养分损失严重，土壤有机质含量较低，土壤磷有效性低等先天固有的缺陷。同时"一年两熟""一年三熟"的耕作制度对土壤肥力的影响巨大，原来土壤肥力较高的农田，由于长期忽视地力培肥，过分追求短期经济效益，造成许多原来的高产耕地肥力下降，有机质含量低，土壤板结，高产田变成了低产田。广东省丘陵坡地，由于降雨量大，雨季集中再加上不合理的坡地利用方式，如陡坡开垦、顺坡耕作、刀耕火种等，极易产生水土流失（黄美艳等，2008）。此外，一些地方为了实现耕地总量动态平衡，不顾实际情况，不合理围垦滩涂和毁林开发，人工植被类型过于单一、过于频繁的农事耕作，加剧了水土流失，致使生态遭到严重破坏。据估算，广东省每年流失土壤有机质 64 万 t、氮素 6t、磷 3t，水土流失不仅直接减少现有耕地面积，还大大降低了耕地的质量。

2. 不合理的耕作施肥制度

广东省的不合理施肥现象普遍存在，长期大量施用氮、磷肥，忽略钾、钙、镁微量元素的补充，导致土壤养分失衡，土壤酸化进一步加剧、土壤物理性状劣化，耕层变浅、耕性变差、保水保肥和抗灾能力下降，严重影响农产品的产量与品质及农业生产的可持续发展。例如在珠江三角洲，耕地化肥施用量为 900 kg/hm² （折纯），是全国化肥平均施用量的 3 倍多，在施肥品种中，农民长期施用化肥，减少了有机肥料的施用。广东省土壤地力监测点调查结果表明，260 个监测点中，施入农田的有机养分仅占肥料养分总量的 15%，低于全国平均 25% 的水平，比合理的施用比例（40%）少 25 个百分点，导致 53% 监测点农田有机质含量下降，施肥不合理，加速了土壤养分失衡（梁友强等，2009）。

3. 政策及设施保障不完善

广东省在实施耕地占补平衡中，许多地方重数量、轻质量，占优补劣十分普遍，建设占用的耕地都是经过几百上千年的开垦、耕耘而形成的熟地，产量较高，而新开耕地基本上没有形成耕作层或耕作层很薄，有机质含量低、土壤结构不良、土壤肥力低，漏水漏肥严重，加之绝大部分新增耕地普遍缺乏行之有效的后续培肥措施，致使新开耕地质量明显不如被占耕地质量，产量只及原占用耕地的 1/3～1/2，甚至更低。致使中低产田的比重继续增大，耕地生产能力显著下降。

广东省许多农田水利设施年久失修，水库和塘坝淤塞，使水库和塘坝容量下降，渠道变短、变浅、变窄。尽管国家投资完成了包括河道改造在内的大型水利工程建设，但 20 世纪六七十年代开挖的沟渠老化、坍塌、淤塞严重，排水不畅，旱涝保收能力下降，农田地下水位升高，土壤发生潜育化，难以有效进行农田的防旱排涝。高中产田也变成了低产田，严重制约了土地生产力的发挥。近年来各地的农田基础设施建设重点是修建硬底化排灌渠道，修筑机耕路，安装农业设施，农业基础设施日臻完善，基本达到了田块成方、路桥配套、水利设施完善、方便农机作业的要求。但田内土壤培肥力度不足，绿肥种植面积多年维持低水平，收割季节秸秆焚烧现象随处可见，存在"重耕地外部环境建设，轻土壤培肥"的倾向（梁友强等，2009）。

二、耕地环境质量限制因素成因

1. 土壤普遍酸化

由于不合理的农田施用和管理，加上红壤类地带性土壤的先天缺点和生态脆弱性，土壤中有高浓度的 H^+、Al^{3+} 等；淹水土壤中有过量的还原性物质和 Fe^{2+}、游离铝和交换性铝（铝毒）、还原态锰（锰毒），缺磷、钾、钙和镁，有些土壤也缺钼。各种障碍因子在不同土壤生态条件下其危害程度不同，有时只是某一因素起主导作用，而有时则是几种因素的综合作用。在酸性土壤中，铝的毒害和缺磷会同时出现；还经常发生铝和锰对多种植物的毒害作用。土壤酸化还造成土壤板结，物理性状变差，植株抗逆力降低。广东省沿海港湾的老围田、原生长红树林的潮间带及海滨地区还分布有酸性硫酸盐土，为典型的劣质土。该土壤在距表土几十厘米或 1 m 深左右的底土层有大量的红树林残体，这些红树林残体产生和诱发出的大量咸、酸、毒物质随着土壤毛细管作用上升至土壤表层。在土地开垦后而成为酸性硫酸盐水稻土或荒地，因排水改变了通气条件，硫化物被氧化成硫酸，土壤具有极强酸性，pH<4.0。该土壤中农作物易出现 Al 毒、Fe 毒、缺 P 等症状，植株生长差、根系分布浅、产量低等。

2. 环境污染日趋严重

改革开放以来，华南地区特别是珠江三角洲地区和闽南三角地区的经济飞速发展，已成为我国经济发展最快的地区之一。而随着经济的发展，土壤环境正遭受持续污染，其特点主要为土壤污染来源种类繁多、污染范围大、污染状况严重、区域性特征明显。粤北地区矿业活动造成的土壤污染严重，乐昌县、始兴县等地铅锌矿开采造成的流域污染使不少山坑连续几公里农田受到严重污染，已经产生了上坝村"癌症村"等热点问题。广州市市场上的蔬菜 30%～40%重金属超标（姚黎霞等，2013）。珠江三角洲近岸海域约有 95%的海水被重金属、无机氮和石油等有害物质重度污染。珠三角农业土壤中 Cu、Pb、Zn、Cr、Ni、Cd、As 和 Hg 等 8 种重金属元素均有超标现象，其中以 Zn、Cd、Hg 的超标率最高，珠三角农田土壤有 40%左右重金属污染超标，其中 10%属严重超标。佛山市的南海土壤 Hg 超标率达到了 69.1%，顺德达到 37.5%。由于土壤污染，耕地质量下降，原来的优质高产田人为地变成了低产耕地或障碍耕地。2013 年土壤污染治理专题调研组到广东省农业厅召开工作会议，广东省国土资源厅执法监察局局长李师披露了当时珠江三角洲经济区土壤环境的质量。目前，珠江三角洲经济区土壤环境质量以一级和二级土壤为主，占总面积的 77.2%，适宜发展无公害农产品和绿色农产品的产地面积所占比例达 63.16%和 43.87%；而三级和劣三级土壤占到珠江三角洲经济区总面积的 22.8%，重金属元素异常主要分布于广州—佛山及周边经济较为发达的地区，主要超标元素为 Cd、Hg、As、F。

参 考 文 献

广东省耕地肥料总站. 2014. 省级耕地地力评价成果报告.

黄美艳, 肖辉林, 彭少麟, 等. 2008. 广东红壤坡地的农业利用问题. 生态环境, 17(3): 1314-1316.

梁友强, 汤建东, 张满红, 等. 2009. 关于提高广东耕地质量的思考. 广东农业科学, 3: 69-72.

姚黎霞, 茹巧美, 何良兴. 2013. 蔬菜重金属元素污染研究进展. 现代农业科技, 22: 208-210.

第四章　耕地地力提升技术及集成模式

第一节　耕地基础肥力提升技术

根据广东省耕地基础地力限制因素：有机质含量中等水平、养分不均衡；部分缺氮，普遍缺钾、缺钙，严重缺镁、缺硼；有效锰、有效铜、有效锌不同程度缺乏；轻微缺磷等现象，提出针对性的传统耕地基础地力提升技术模式。

一、耕地有机质提升技术

1. 农作物秸秆还田的技术

1）直接还田

农作物秸秆直接还田的方式比较方便、快捷，可大大减少用工，且还田数量较大。因此，农作物秸秆直接还田可以作为提高广东省耕地土壤有机质含量的有效措施之一，一般可分为翻压还田和覆盖还田，可以根据项目区特点采用以下几种直接还田方式（表4-1）。

表 4-1　秸秆直接还田方式

技术名称	技术方式	技术优点
覆盖还田	将作物秸秆直接或粉碎后覆盖于地表或下季作物行间的还田方式，一般与免耕技术配合使用	减少土壤水分的蒸发，保墒保肥，腐烂后增加土壤有机质，节省耕种费用、争取农时，适合于较为干旱和灌溉条件较差的地区
翻压还田	采用秸秆粉碎机将农作物秸秆就地粉碎，均匀抛撒在地表，随即翻耕入土，使之腐烂分解	秸秆的营养物质完全地保留在土壤里，适用于水热条件好、土地平坦、机械化程度高的地区

在此基础上，还可以采取易地换土，在充分考虑区域农业种植结构和作物秸秆有效性的基础上，优化配置有限的有机资源，将稻田盈余的稻草转移（易）到邻近的旱地，可显著、快速地提升旱地土壤有机质水平，实现整体提升区域耕地的有机质水平。

2）间接还田

间接还田是指将秸秆堆沤腐熟后还田或者是喂养畜禽后过腹还田。这种技术尽管受许多条件的限制而导致还田数量有限，但堆沤腐熟的秸秆能够较快提高土壤有机质含量，某些堆沤腐熟方式还可以减轻田间病。因此，广东省耕地土壤有机质含量的提高可应适当采用间接还田技术。间接还田的主要方式见表4-2。

表 4-2　秸秆直接还田方式

技术名称	技术方式	技术优点
高温堆沤还田	将作物秸秆利用夏季高温沤制成肥还田：将作物秸秆用粉碎机粉碎或铡草机切碎，一般长度以 1～5 cm 为宜，在粉碎的秸秆中配加杂草、绿肥和人畜粪尿等，拌均匀后堆成堆，上面用泥浆或塑料布盖严密封，有机物质在微生物作用下，逐步矿化和腐殖化，然后腐熟，形成优质有机肥，然后将有机肥料施入耕地中	现阶段的堆沤腐解还田技术多采用高温、密闭等条件下腐解秸秆，可减轻田间病、虫、草等的危害，提高秸秆的腐殖化率，能显著提高耕地有机质含量
生化催腐还田	主要包括催腐剂堆肥技术、速腐剂堆肥技术和酵剂堆肥技术。利用高新技术进行菌种培养和生产，通过现代化设备的自动化控制温度、湿度、数量、质量和时间，经过机械翻抛、高温堆肥、生物发酵等过程，将秸秆转化成优质有机肥料	具有自动化程度高、腐熟周期短、腐熟程度高、产量大等特点。此方法适合于晚稻、一季稻稻草和秋玉米秸秆的处理
过腹还田	将作物秸秆作为家畜饲料，通过家畜消化吸收，以粪尿形式归还土壤。普遍推广应用的主要有青贮氨化过腹还田技术	实现了秸秆、饲料、牲畜、肥料、粮食的良性循环
沼渣菌渣还田	利用秸秆作为蘑菇等食用菌的培养料，将生产食用菌后的秸秆废料还田，或将秸秆在沼气池中发酵制沼气后，将沼渣施入耕地土壤	随着农村经济作物种植和沼气的迅速发展，沼渣和菌渣正逐渐成为重要的有机肥源

3）秸秆还田方式及具体措施

不同种植制度配套的秸秆还田模式不同，对于广东省常见的水稻田，由于水分充足，秸秆还田腐烂分解快，适宜翻压还田模式；旱田一般水分不足，宜选择覆盖还田等模式。广东省常见的双季稻区早稻收获后，由于稻草难以快速腐烂，会影响晚稻生长，不宜大量直接还田，可因地制宜地选择适宜的间接还田方式施入腐熟有机质（曾希柏，2014）。

（1）秸秆处理。早稻实行机械或人工收割时，留茬高度应小于 15 cm。收割机加载切碎装置，边收割边将全田稻草切成 10～15 cm 长度的碎草；人工收割后稻草也要按 10～15 cm 长度切碎。

（2）秸秆还田时间及还田量。秸秆还田的时期可任意选择，无一定式。稻田秸秆还田以秋季还田为主，原则上还田的时期越早越好，但若将水稻堆熟后再还田，则效果比直接还田更为显著。水稻秸秆还田一般在播前 40 d 还田为宜，适宜还田量以 3000～4500 kg/hm² 为宜。旱田应在播前 30 d 还田为宜，玉米秸秆以 4500～6000 kg/hm² 为宜。玉米秸秆腐殖化系数宜 21%～25%，翻压还田量以 1500 kg/hm² 左右为宜，一般不要超过 6000 kg/hm²。总体，每年每公顷一次还田 3000～4500 kg 秸秆可使土壤有机质含量保持原水平或略有提高。果、桑、茶园等则需适当增加秸秆用量。此外，施入的秸秆量和方式应随作物及其种植地区的不同而有所改变。用量多了不仅影响秸秆腐解速度，还会产生过多的有机酸，对作物的根系有损害作用，影响下茬的播种质量及出苗。

（3）秸秆还田深度。水稻秸秆施用深度一般以拖拉机耕翻 18～22 cm 较好。玉米秸秆还田时，耕作深度应不低于 25 cm，一般应埋入 10 cm 以下的土层中，并耙平压实。秸秆还田后使土壤变得过松，大孔隙过多，导致跑风跑墒，土壤与种子不能紧密接触，影响种子发芽生长，应及时镇压灌水。因此，秸秆直接翻压还田应注意将秸秆铺匀，深翻入土，耙平压实，以防跑风漏气，伤害幼苗。

（4）秸秆还田注意事项。

合理配施化肥： 配合施用氮、磷肥。新鲜的秸秆碳、氮化大，施入田地时，会出现微生物与作物争肥现象。秸秆在腐熟的过程中，会消耗土壤中的氮素等速效养分。在秸秆还田的同时，要配合施用碳酸氢铵、过磷酸钙等肥料，补充土壤中的速效养分。因此应按比例补施氮、磷、钾肥料等，满足作物生长的需要，提高作物产量。每 100 kg 秸秆应配施碳酸氢铵 4.0～5.0 kg，过磷酸钙 7.0～8.0 kg，硫酸钾 2.0～3.5 kg，同时结合浇水，有利于秸秆的吸水腐解。总体来说，秸秆直接翻压还田 3000～4500 kg/hm^2 时，需要配施 75～150 kg/hm^2 的氮素；覆盖还田和高留茬同样需要 75～150 kg/hm^2 的氮素。在实际操作中，可以根据氮平衡理论值计算调氮量：调氮量（kg/hm^2）=还田秸秆量×（1.75%–秸秆含氮量）。

水分调控： 秸秆还田以后进行矿质化和腐殖化作用，其速度的快慢主要取决于温度和土壤水分条件及秸秆的含水量。土壤和秸秆含水量较大时，秸秆腐解快，从而减弱和消除了对作物和种子产生的不利影响。秸秆直接翻压还田的，需把秸秆切碎后翻埋土壤中，防止跑墒。对于土壤墒情差的，耕翻后应灌水；而墒情好的则应镇压保墒，促使土壤密实，以利于秸秆吸水分解。水田水分管理上应采取"干湿交替、浅水勤灌"的方法，在基肥和秸秆腐熟剂施用后，立即灌入 10 cm 深水泡田，5～7 d 后田间留 2～3 cm 浅水，免耕抛秧，或用旋耕机耕田整地、栽插晚稻。分蘖苗足后排水晒田。采用免耕抛秧栽培的稻田，抛秧前平整田面，避免田面深浅不一。通常情况下，当温度在 27℃左右，土壤持水量为 55%～70%时，秸秆腐化、分解速度最快；当温度过低，土壤持水量为 20%左右时，秸秆的分解速度很慢。因此，还田时秸秆含水量应高于 35%，过干不易分解。

病虫害防治： 秸秆还田后进行连作，病虫害有加重的趋势。秸秆还田适合建立在轮作的基础上，这样秸秆还田的效果才能充分发挥。在轮作的基础上进行秸秆还田，可避免病虫害发生。如果在连作情况下还田秸秆，可考虑采用秸秆翻耕还田的方法，而不宜采用秸秆耙耕浅层还田的方法。同时，必须加强病虫害防治，以确保农作物优质高产。另外，由于秸秆还田增强了土壤微生物活性，加快了除草剂等在土壤中的降解速度，缩短了药剂的残效期。因此，在秸秆还田的土壤中施用化学除草剂等，特别是播前施用的，其有效施用剂量应适当提高。

2. 绿肥种植技术模式

种植绿肥可增加土壤有机质含量，能改善土壤团粒结构和理化性状，提高土壤自身调节水、肥、气、热的能力，形成良好的作物生长环境。推广绿肥种植技术，主要利用秋闲田和冬闲田进行绿肥与粮食作物轮作或间作，通过将绿肥翻压还田，使土壤地力得到维持和提高。

常用绿肥作物如表 4-3 所示。

表 4-3　常用绿肥作物

植物学分类	作物品种	栽培季节
豆科绿肥作物	紫云英	
	苕子	冬绿肥
	蚕豆	
	田菁	
	乌豇豆	夏、秋绿肥
	绿豆	
	紫花苜蓿	多年生冬绿肥
	柽麻	春、夏、秋绿肥
	豌豆	冬、春、秋绿肥
十字花科绿肥作物	油菜	冬绿肥
	肥田萝卜	
槐叶萍科绿肥作物	满江红	春、秋绿肥
雨久花科绿肥作物	水葫芦	夏、秋绿肥
天南星科绿肥作物	水浮莲	夏、秋绿肥
禾本科绿肥作物	黑麦草	多年生冬绿肥
	绛三叶	冬绿肥
三叶草绿肥作物	红三叶	多年生绿肥
	白三叶	

1）绿肥作物的栽培施用技术

（1）种子处理。选品质纯正的迟熟品种、当年新种，发芽率高，产量高。播前选择晴天的中午晒种 4～5 h，晒种后将种子与细沙按 2：1 的比例拌匀，装入编织袋内用力揉擦，将种子表皮上的蜡质擦掉，以提高种子吸水速度和发芽率。然后，用 5% 的盐水选种，清除病粒和空秕粒。拌种肥每公顷可用钙镁磷肥 22.5 kg，有条件的最好每公顷加 60 g 钼酸铵和草籽拌匀，对增瘤促根作用很大。

（2）播种。一般在 9 月中下旬至 10 月初播种。播种过早，稻肥共生期过长，幼苗瘦弱；播种过迟，则易受冻害，越冬苗不足。在生产上常在晚稻齐穗勾头后进行。若在生长旺盛的杂交晚稻田播种，应选在晚稻收割前 20～25 d 播种，以利于水稻成熟和草子出苗、生长。播种时田间保持湿润状态。一般亩播种量为 2 kg 左右。播种时一定要按田定量，分畦匀播，落子均匀。播种时田间要保持湿润状态，水分过多或干旱都不利其生长。

（3）施用方法与深度。将绿肥茎叶切或粉碎成 10～20 cm 长，然后撒在地面或施入沟内，翻耕入土。一般入土深度为 10～20 cm，因为这层土壤中微生物活动旺盛，有利于绿肥分解。砂质土壤应稍深一些，黏质土壤可适当浅些。翻压时要注意翻压质量，保证绿肥不外露，翻压严实，促进绿肥快速腐烂，减少养分损失。

施用量：绿肥的施用应根据绿肥种类、气候特点、土壤肥力情况和作物的需肥特征因地制宜、适时适量而定。一般每公顷 15～22.5 t 鲜绿肥基本可满足作物的需要。施入量过大可能造成作物后期贪青晚熟。在排水不良的稻田尤其要控制绿肥还田量，防止"发僵"等毒害现象出现。

具体施用量见表 4-4。

表 4-4 绿肥施用量

绿肥名称	千粒重/g	播种量/(kg/hm²)	绿肥名称	千粒重/g	播种量/(kg/hm²)
紫云英	3.0～3.4	30～60	苕子	25～28	48～53
豌豆	60～70	45～75	蚕豆	700～1000	195～375
田菁	11～14	37.5～60	肥田萝卜	8～13	12～15
柽麻	28～35	45～60	黑麦草	1.5～2.0	15～22.5
绿豆	35～60	30～60	紫花苜蓿	1.5～2.0	12～15
绛三叶	2.7～3.2	30～37.5	红三叶	1.5～2.0	12～22.5

（4）施用方式。绿肥的主要施用方式有直接翻耕还田、堆沤还田、制沼气沼渣和过腹还田等。其中，直接翻耕作基肥还田是绿肥最主要的还田方式，间、套种绿肥也可就地掩埋作为主要作物的追肥。翻耕前最好将绿肥稍加晾晒使其萎蔫后切短或粉碎，这样更有利于翻耕和促进绿肥分解。早稻田最好用干耕，旱地翻耕要注意保墒、深埋，使土壤和绿肥紧密结合，促进绿肥分解。堆沤还田、制沼气沼渣还田和过腹还田是绿肥的三大间接还田方式。要注意适时收割。绿肥收割时间过早，产量低，有机成分简单，肥效短；收割时间过迟，茎叶养分含量低，养分损失大，碳氮比大，不利于分解。一般选择生物量最大时期收割。

（5）注意事项。

①留种。对于紫云英等绿肥，可进行留种。以紫云英为例留种田应选择在排灌方便、土壤肥力中上、杂草较少、离住宅较远、运输方便的田块，最好选择晚稻秧田留种，以减少收种与早稻插秧的季节矛盾。留种田必须连片，以避免在春耕以后陷入早稻田的包围。留种田的播种量应控制在每亩 1～1.5 kg，比以压青为

目的的播种量略少，有利于分枝粗壮，提高留种产量，成熟时每亩基本苗控制在18万左右，有效茎枝数35万左右，株高90～100 cm，每枝有效荚数为10～15个，每荚粒数为6～8粒，种子千粒重在3.2 g左右。

②病虫害防治。以预防为主，加以综合治理，防治菌核病和白粉病等病害，以及蚜虫、蓟马、潜叶蝇等虫害，确保绿肥高产稳产。以紫云英病虫害为例，其种类有10多种，对生产影响较大的有"两病两虫"，即白粉病、菌核病和蓟马、潜叶蝇。防治病害可用70%托布津或50%多菌灵1000倍液喷雾；防治虫害可用90%晶体敌百虫1000～1500倍液喷雾。

③农作措施。在部分绿肥种植时间，可以配合适宜的翻耕等措施。绿肥翻耕，应在鲜草产量最高和肥分总含量最高时进行。一般豆科绿肥植株适宜的翻压时间为盛花期至谢花期；禾本科绿肥最好在抽穗期翻压；十字花科绿肥适宜在上花下荚期翻压施用，如箭苦豌豆翻压以盛花期为宜。多年生绿肥适宜在未木质化前刈割或翻压。间、套作绿肥作物的翻压时间，应与后茬作物需肥规律相配合，适时操作。翻压时间除去绿肥本身条件外，还必须和后作播种时间配合。稻田翻压一般在插秧10～20d前进行。旱地分带轮作绿肥可在后作播种7～15d前进行。夏秋季绿肥的翻耕适宜时期应选在土壤墒情较好的时期。以紫云英为例，盛花初荚期为适宜翻耕期，最好控制在60%～70%开花时翻耕。成熟期翻耕适用于单季稻种植地区。5月中旬紫云英结荚成熟时，一次性翻耕入土。紫云英结荚后再翻耕，刚好与单季稻茬口相衔接，绿肥种子成熟后撒落田中，冬季无需再播种，自然长出绿肥苗，减少重复播种。节省了种子、播种及一次机耕绿肥的费用，并能年复一年，循环往复。一般不宜超过5年，以防鲜草中的纤维素、木质素增多，不利于腐烂分解。

④配施适量氮磷养分。绿肥分解过程中，微生物的快速繁殖可能造成短期的氮素生物固定而引发作物苗期缺氮，所以在施用非豆科绿肥或较粗老的绿肥时应施用适量的有效氮素加以调节。另外，绿肥中磷含量相对较低，而且分解慢，在翻压时可适当施用一些磷肥。配合磷肥施用，有利于氮磷养分的平衡供应。若稻田施用绿肥后出现"发僵"毒害现象，每公顷施用过磷酸钙75～112.5kg或石膏粉22.5～37.5kg可快速减缓这一毒害作用。

⑤水分管理。不同种类绿肥作物生长习性不同对水分需求量不一。紫云英耐湿性较强，但忌田间积水。苕子、柽麻耐旱性较强，土壤含水量为田间持水量的50%～70%为宜。田菁比较耐涝，土壤含水量为田间持水量的65%～90%。土壤水分不足，绿肥作物生长受抑。当叶色由正常绿色转变为浓绿色或中午出现暂时性萎蔫时，就应及时灌溉。通常灌溉的关键时间为苗期及营养生长和生殖生长并举时期。苗期浇水保证全苗和壮苗，营养生长和生殖生长期浇水是提高鲜草产量和

种子产量的主要措施之一，通常采用沟灌。

2）绿肥作物的种植方式

绿肥种植方式应根据利用目的和绿肥的生长习性，因地制宜，充分利用空间、时间和光能，肥饲兼用，南方常用的种植方式有轮作、间套作、混种等。

（1）作物-绿肥轮作技术。轮作技术主要应用于冬绿肥，主要技术要点在于：越冬管理。晚稻收获前要晒田，千万不可软泥割禾，否则幼苗易被踏死，田土被踏实，不利于绿肥生长。割稻时，施用硫酸钾肥每亩 5～10 kg，另外可每亩用 250～300 kg 稀薄粪水，结合抗旱浇施，充分利用冬前温光条件，加速幼苗生长。晚稻收割后，用稻草或猪牛栏粪及时盖好草苗，可收到抗旱、防冻、施肥之效。草苗基本上长满田后，应及时施磷肥及钾肥。磷肥每公顷施钙镁磷肥 22.5～30 kg，钾肥每公顷施草木灰 750 kg 左右，这对于促进绿肥生根增瘤、分枝壮苗十分重要。春发管理。加强春季管理，实现以"小肥养大肥"。开春后即 2 月中旬～3 月上旬，每亩可追施尿素 2～4 kg，叶面喷施 0.2% 硼砂溶液 2 次，可提高鲜草产量 20%。清沟排水，做到雨停田干，降低地下水位，使土壤的水、肥、气、热协调，促进绿肥根深叶茂。

（2）作物-绿肥间套作技术。间作指在同一块地上，同一季节内将生育季节相近的绿肥作物与其他作物相间种植，如在玉米行间种植竹豆、黄豆，甘蔗行间种植绿豆、豇豆等。间作可提高土地利用率，由间作形成的作物复合群体可增加对阳光的截取与吸收，减少光能的浪费。同时，两种作物间作还可产生互补作用，如宽窄行间作或带状间作中的高秆作物有一定的边行优势，豆科与禾本科间作有利于补充土壤氮元素的消耗等。但间作时不同作物之间也常存在着对阳光、水分、养分等的激烈竞争。因此，对株型高矮不一、生育期长短稍有参差的作物进行合理搭配和在田间配置宽窄不等的种植行距，有助于提高间作效果。当前的趋势是旱地、低产地、用人畜力耕作的田地及豆科、禾本科作物应用间作较多。间作绿肥可充分利用地力，具有用地养地、增加有机物质投入和提升耕地有机质的作用。

套作指在前季作物生长后期的株、行或畦间播种或栽植后季作物的种植方式。套作的两种或两种以上作物的共生期只占生育期的一小部分时间，是一种解决前后季作物间季节矛盾的复种方式。绿肥套作是指主种作物播种前或收获前在其行间种植绿肥，如在晚稻乳熟期播种紫云英或苕子等。套种除了有间种的作用外，还可使绿肥充分利用生长季节，延长生长季节，以提高绿肥产量，增加有机物质的投入。

选配适当的作物组合，尽量使前后作物能各得其所地合理利用光、热、水资源，以及通过适当的田间配置，调节预留套种行的宽窄、作物的行比、作物的株距行距和掌握好套种时间等。田间结构配置包括密度、行比、株行距及幅宽、间距、带宽等。间套作时绿肥行内的种植密度与单作基本相同。行距、行数和幅宽等还应当考虑光照利用率和机械作业等的要求。单作时，一般认为南北行向优于东西行向，受光好，可增产5%以内。在间套作群体内，行向的安排应以提高全田受光面积和产量为目的。

（3）作物-绿肥混种技术。指在同一块地里，同时混合播种两种或以上绿肥作物，如紫云英与肥田萝卜混播、紫云英或苕子与油菜混播等。古有谚语"种子掺一掺，产量翻一番"。豆科绿肥与非豆科绿肥、蔓生与直立绿肥混种，使得相互间能调节养分，蔓生茎可攀缘直立绿肥，使得田间通风透光，因此，混种绿肥生物产量高。常见的混播种植方式有：苕子与其他豆科绿肥（紫云英、豌豆、蚕豆）-黑麦草-油菜；苕子或其他豆科绿肥-肥田萝卜-燕麦；苕子-黑麦；蚕豆-金花菜-黑麦草（或油菜）。与单播相比，混播能够提高绿肥地上部和地下部干物质产量和养分积累量；提高豆科绿肥种子产量；更好地改善土壤物理结构；提高掩埋绿肥鲜草在土壤中的腐殖化系数；有较高的鲜草饲用价值；易立苗，抑制杂草生长，防止反盐，保持水土；能够好地抗寒、旱、湿等自然灾害；最终获得增产优质的效果。

混种绿肥要求混种绿肥品种的生态适应性基本相似，对光热水等环境条件的要求基本相似或互补，生长时期基本一致，便于收获或适时翻压入土还田。其他技术要点与冬季绿肥及间套作的基本类似。

3. 有机-无机肥配合施用技术

有机肥料不仅肥源广阔，施用经济，还含有作物所需要的多种营养元素，长期施用可以改善土壤物理性状，提高土壤肥力，这是化学肥料所不能比拟的。有机、无机肥料配合使用不但对土壤的有机质平衡具有不可代替的作用，而且对营养元素的循环和平衡也有重要的意义，是提升耕地地力与有机质水平和调节当季作物营养条件相结合的一种施肥制度。

1）有机-无机肥料的施用原则

（1）有机-无机肥料的施用以有机肥为主，化肥为辅；基肥为主，追肥为辅；氮、磷、钾肥料配合。基肥是满足整个作物生育期内养分的需要而在种植作物前施入土壤中的肥料，而追肥是补充作物某一时期所需的养分而施入土壤中的肥料，所以，多施基肥可以壮苗、壮根，为作物丰产打好基础。反之，基肥施用少了，作物苗差、根弱，影响了作物对养分的吸收。又因为一般作物的养分临界期在苗期，如果苗期缺了肥，即使以后追肥再多，也很难获得较高的产量。因此，在施肥中应掌握以基肥为主，追肥为辅的施肥原则。

（2）基肥施用方法：有机肥料养分释放慢、肥效长、最适宜作基肥施用。主要适用于种植密度较大的作物，或用量大、养分含量低的粗有机肥料。施用方法：一是全层施用在翻地时，将有机肥料撒到地表，随着翻地将肥料全面施入土壤表层，然后耕入土中。二是养分含量高的商品有机肥料一般采取在定植穴内施用或挖沟施用的方法，将其集中施在根系伸展部位，可充分发挥其肥效。集中施用最好是根据有机肥料的质量情况和作物根系生长情况，采取离定植穴一定距离施肥，作为待效肥随着作物根系的生长而发挥作用。

（3）追肥施用方法：腐熟好的有机肥料含有大量速效养分，也可作追肥施用。人粪尿有机肥料的养分主要以速效养分为主，作追肥更适宜。追肥是作物生长期间的一种养分补充供给方式，一般适宜进行穴施或沟施。但追肥时要注意：一是有机肥料含有速效养分数量有限，追肥时，同化肥相比应提前几天。二是后期追肥主要是为了满足作物生长过程对养分的极大需要，但有机肥料养分含量低，必要的时候还要施用适当的单一化肥加以补充。三是制定合理的基肥、追肥分配比例。地温低时，微生物活动小，有机肥料养分释放慢，可以把施用量的大部分作为基肥施用；地温高时，微生物活动能力强，如果基肥用量太多，定植前，肥料被微生物过度分解，定植后，立即发挥肥效，有时可能造成作物徒长。

2）有机-无机肥料施用配比

有机肥、化肥配合施用因作物而异，掌握好施肥量，有机肥与化肥各有所长和不足，两者要配合施用。考虑合理性和可能性，施肥量要因作物而异。对大田作物提倡施用有机肥，一般亩施有机肥 1000～3000 kg；大棚等保护地蔬菜一般为 4000～7000 kg，并配合矿物肥、化肥平衡施肥技术，按作物生长期营养需求指导施肥，一般以生物菌肥 1%～2%、有机质肥 50%～60%、中微量元素肥 10%～20%、氮磷钾大量元素肥 30%～40%的配合比例最佳。

无机肥料的施用比例受有机肥的碳氮比、土壤基础肥力、作物需肥规律等因素的制约。作物秸秆碳氮比一般在 40～100，而腐熟厩肥等有机肥的碳氮比一般在 20～40。一般情况下，土壤微生物分解有机物质的适宜碳氮比为 25：1，施入有机肥的碳氮比高于 30：1 时，有可能引发微生物与作物之间对氮素的竞争。但是土壤基础肥力高时，土壤氮素水平较高，可有效缓解这一作用。而对于早期需肥量较低的作物，这一作用也表现得不明显。另外，有机肥分解的快慢决定了其提供养分的速度，因此，环境条件也影响有机、无机肥料的施用比例。

水田在种植水稻期间表层土壤长期处于淹水状态，土层分化为两层，其性质很不相同，表面的一薄层为氧化层，厚度仅有数毫米，一般不超过 10 mm，其下部为还原层。水田的这一特殊环境条件使得其有机、无机养分的转化显著不同于旱地土壤。淹水条件下的还原条件限制了有机质的矿化，有利于土壤有机质的积累。施入的有机肥及年复一年的根茬和作物残体的输入，使得水田土壤有机质含量快速提升。

水田有机无机配施，需要注意以下几个方面。

（1）有机无机肥料的比。水田特殊的淹水环境条件使得有机物质分解缓慢，因此，过多投入有机肥可能不仅会影响秸秆腐解速度，还会产生过多的有机酸，对作物的根系有损害作用，影响下茬的播种质量及出苗，也会影响土壤养分的供应，最终影响作物产量。因此，水田有机无机配施时，要实行平衡施肥技术，调节施肥比例，保持土壤养分平衡供给。水稻土监测点统计结果显示，土壤碱解氮、速效磷含量相对丰富，而土壤速效钾含量较低，施肥中存在磷、钾肥比例偏低，与水稻对氮、磷、钾需求的比例存在较大差异。为此，在增施有机肥的同时，提高钾肥用量，使得氮、磷、钾平衡供给，不仅可提高土壤有机质，还可提高水稻产量。

（2）有机无机肥料的种类及施用时期和方式。水田由于其独特的水分条件和还原环境，施用化肥需要选择合适的肥料品种，避免选用养分容易流失的肥料如硝酸铵、硝酸磷肥等，尽量使用铵态氮肥，氮、磷、钾按比例配合，追肥要及时。有机肥料分解慢，利用率低，肥效期长，养分完全，所以作基肥施用较好。但由于稻区早春气温较低，土壤中的养分释放缓慢，为了促进高产田秧苗早生快发，可以将速效氮肥总量的30%～50%作为基肥施用，磷肥和钾肥均作为基肥施用，也可以留一部分在拔节期施用。农家厩肥的碳氮比较低，腐熟程度较高，在水田施用量可适当增加，其比例占到70%也不会影响产量。而对于腐熟程度较低的有机肥，要适当降低其施用量，同时要提前施用，以防止影响作物生长。在排水不良的稻田尤其要控制绿肥还田的量，防止"发僵"等毒害现象出现。当施用过量发生"发僵"毒害现象时，可通过每公顷施用过磷酸钙75～112.5 kg或石膏粉22.5～37.5 kg减缓。实行合理轮作和用养结合。水旱轮作可使土壤处于氧化还原交替过程，有利于土壤有机质更新及有害物质的降解。实行集约化管理，达到提高和发挥土壤的生产潜能。

3）有机-无机肥料的具体施用方式

主要有撒施、条施、穴施等施肥方式。撒施是撒在土壤的表面，这样既是对肥料的浪费也是对环境的污染，不应提倡。条施是在作物种植行开好施肥沟，深约15 cm，肥料成条施于作物种植行，施肥后覆土。一般在移栽作物前施用基肥时采用，通常是施用有机肥料。穴施（窝施）是在作物预定种植位置或种植穴内的施肥（基肥），或在作物生长期间的苗期，按株或两株间开穴施肥（追肥）。穴深5～10 cm，施肥后覆土，有机肥和化肥都可采用穴施。为了避免窝内浓度较高的肥料伤害作物根系，采用穴施的有机肥须预先充分腐熟，化肥须适量，施肥窝的位置和深度均应注意与作物根系保持适当的距离，施肥后覆土前尽量结合灌水，这是作物生产中应用较普遍的一种方法。施用有机肥还要参照气候条件，少雨季要施用完全腐熟有机肥，且宜翻耕深施；多雨季节可施用半腐熟有机肥，且翻耕宜浅。

4）注意事项

（1）有机肥充分腐熟发酵后再施用。自然界中的禽畜栏、人畜粪肥及饼粕类等有机肥必须充分腐熟发酵后再施用。经过发酵：一是均衡了有机肥中的酸性，减少了硝酸盐含量，补充了水分，有利于与自然界土壤中微生物菌的组合应用；二是发酵后能杀灭原粪肥中寄生虫卵、有害生物病菌等直接给作物和土壤带来的病菌与危害。发酵腐熟人蓄粪便，能够在短时间做到充分彻底腐熟，腐熟的有机肥养分转换率高，腐熟彻底，不会造成二次腐熟烧根烧苗。

（2）尽量作底肥深耕后施用。改进施肥方法，一是尽量将有机肥深施或盖入土里，避免地表撒施肥料现象，减少肥料的流失浪费和环境污染；二是作物苗期基肥要深施或早施，尤其要严格控制作物苗期氮肥的施用量；三是要按作物生长营养需求规律来施肥，一般生长期短的作物可作底肥一次性施入。

（3）其余注意事项。在天气长期干旱的环境下，不宜强行施用生物有机复合肥，待到雨后墒情适中时再施。适合墒情的标准是：田间土壤手捏成团、落地即散。腐熟的有机肥不能与碱性肥料配合施用，若与碱性肥料混合，会造成氨的挥发，降低有机肥养分含量，也不宜与硝态氨混用。对于忌氯作物，施用有机肥过多，会导致作物品质下降。

二、耕地矿质养分均衡增效技术

1. 单一化肥平衡施用技术

1）常量元素肥料及施用方法

化肥的种类很多，主要有以下几类。

（1）氮肥：以氮素营养元素为主要成分的化肥，包括碳酸氢铵、尿素、硝铵、氨水、氯化铵、硫酸铵等。

氮肥受多种因素的影响，不同作物，不同地力条件，不同产量水平，施肥量均不一致。无浇灌条件的薄地，施肥量应小些，如禾谷类粮食作物的适宜氮肥用量为每公顷 75～105 kg，有灌溉条件的中高产田，施肥量则大些，如禾谷类的适宜氮肥施用量为每公顷 120～1800 kg。有固氮能力的豆科作物氮素化肥用量则少些，每公顷为 90 kg 左右。

氮肥主要采用基施和追施两种方式，种肥与叶面喷施的用量很少。基施和追施的比例受土壤情况及作物的影响。土壤方面的因素包括：①肥力的高低，一般情况下，低肥力的土壤基肥比例应大些，可达 70%左右，高肥力的土壤追肥应占有较大的比重，一般可占 50%左右。②土壤质地，质地较黏重的土壤，保肥能力强，基肥比例可大些；而质地轻的砂性土，保肥能力差，养分易损失，基肥比例应小些,施肥要掌握少量多次的原则。不同作物对氮肥施用时期的影响,关键是使有限化肥发挥最大的作用。根据报道,每公顷施用氮肥 45kg 的情况下,水稻以穗肥、玉米以抽穗前施用的增长效果比较好。每种作物都有营养临界期,一般在苗期和最大效率期。掌握好施肥的时间和比例,就能满足这些关键需肥期的养分供应,提高化肥肥效。同时,施肥时间、次数和比例还受灌溉条件、轮保方式等因素的影响。

氮肥品种的选择,首先是根据土壤和作物的不同,选择合适的肥料品种;其次是品种间的配合。一些地区常用尿素和碳酸氢铵两个氮肥品种,农户施肥时,可将碳酸氢铵作基肥、尿素作追肥。施基肥时,采取犁底施、撒后翻耕、起垄包施等方法;追肥时,进行沟施、穴施,要求施深 6～9cm。在土壤质地轻、墒情差的情况下一定要进行深施。

常用氮肥施用方法及注意事项如下。

硫酸铵: 硫酸铵[(NH$_4$)$_2$SO$_4$]简称硫铵,含氮量为 20%～21%,是国内外最早生产和使用的一种氮肥,通常把它当作标准氮肥。硫酸铵为生理酸性速效氮肥,吸湿性小,不易结块,易溶于水,易保存,施用方法主要有以下几种:①做基肥。硫酸铵做基肥时要深施并覆土,以利于作物吸收。②做追肥。硫酸铵最适宜做追肥使用。具体使用时应根据不同的土壤类型确定肥料的用量。对保水保肥性能差的砂壤地,要坚持少量多次追施,防止肥料流失;对保水保肥性能好的黏性土地,每次用量可适当多些。另外,旱地施用硫酸铵应注意及时浇水;水田追施硫酸铵,应先将田水排干,并在追肥后及时耕耙。③做种肥。硫酸铵对种子发芽无不良影响,可做种肥使用。

硫酸铵在具体施用时,应注意以下问题:①硫酸铵为生理酸性肥料,不能与碱性肥料或其他碱性物质混合施用,以防降低肥效。②硫酸铵不宜在同一地块长期施用,每次亩用量最好控制在 20～30 kg,否则会导致土壤 pH 偏酸,并造成土壤板结。③硫酸铵不适合在酸性土壤上施用。若确需施用时,应配施适量石灰或有机肥。但硫酸铵和石灰不能混施,两者施用时间要相隔 3～5 d。

碳酸氢铵: 碳酸氢铵(NH$_4$HCO$_3$)简称碳铵,含氮量为 17%左右,是固体氮肥中含氮量最低的一个品种。碳酸氢铵为生理中性速效氮肥,易潮解、易结块、较易溶于水,在低温下比较稳定,高温下易分解为氨气和二氧化碳造成肥效损失,施用方法主要有以下几种:①做基肥。碳酸氢铵做基肥时,最好结合翻耕整地深施,也可开沟深施或打窝深施,施肥深度要达 6 cm 以上,且施肥后要立即盖土,防止肥料挥发与流失。②做追肥。碳酸氢铵做追肥时,旱地应结合中耕深施,然后覆土浇水;水田要保持 3 cm 左右深的浅水层,并在追肥后及时耕耙。另外,碳酸氢铵做追肥时，千万不能在刚下雨后或者在露水未干时撒施，以防止植物沾上碳酸氢铵后灼伤叶片。

碳酸氢铵在具体施用时，应注意以下问题：①碳酸氢铵不能与碱性肥料混合施用，以防止氨挥发，造成肥料损失。②碳酸氢铵无论做基肥还是追肥，都不能在土壤表面撒施，以防氨挥发，造成肥料损失甚至熏伤作物。③碳酸氢铵不宜在土壤干旱或墒情不足的情况下施用。④施用碳酸氢铵时，切勿与植物的种子或根、茎、叶、花、果接触，防止被灼伤。⑤碳酸氢铵不能做种肥和秧田肥使用，否则会影响种子发芽和幼苗生长。⑥碳酸氢铵对土壤的酸碱度影响不大，适宜在各种作物和各种土壤上施用，但最好在酸性土壤上施用。

氯化铵：氯化铵（NH_4Cl）简称氯铵，含氮量为 22%～25%，为生理酸性速效氮肥，易溶于水，吸湿后易结块，施用方法主要有以下几种：①做基肥。氯化铵做基肥，施用后应及时浇水，将肥料中的氯离子淋洗至土壤下层，以降低其对作物的不利影响。②做追肥。氯化铵做追肥，要坚持少量多次施用，每次亩用量控制在 15～25 kg 为宜。

氯化铵在具体施用时，应注意以下问题：①氯化铵适用于小麦、玉米、水稻、油菜等多种作物，尤其对棉麻类作物有增强纤维韧性和拉力并提高品质之功效。但不能用于烟草、甘蔗、甜菜、茶树、马铃薯等忌氯作物。西瓜、葡萄等作物也不宜长期使用，否则影响糖和淀粉的积累，进而降低产品品质。②氯化铵不能用于排水不良的盐碱地，否则会使土壤盐害加重。另外，氯化铵不能长期单一施用。在酸性土壤上施用氯化铵，应配施石灰或有机肥，否则会使土壤 pH 偏酸，并导致土壤板结。在碱性土壤上施用，应深施并立即盖土，否则会造成肥料氮素损失。③氯化铵最适合在水田使用，不适合在干旱少雨的地区用。④氯化铵中所含的氯离子，对种子的发芽和幼苗生长有一定影响，因此不宜做种肥和秧田肥。

尿素：尿素[$CO(NH_2)_2$]含氮量在 44%～46%，是我国目前固体氮肥中含氮量最高的肥料。该肥料为中性氮肥，理化性质比较稳定，吸湿性较小，易溶于水，施入土壤后，必须转化成碳酸氢铵才能被作物大量吸收利用，因此肥效较慢。施用方法主要有以下几种：①做基肥。尿素适用于各种土壤和多种作物，做基肥要求深施并覆土，施后不要立即灌水，以防氮素淋至深层，降低肥效。②追肥。尿素最适合做追肥，但因其肥效较慢，一般要提前 4～6 d 追施，并在施后盖土。另外，尿素做根外追肥，吸收快，利用率高，增产效果显著，但要严格控制喷施浓度。一般禾本科作物控制在 1.5%～2.0%，果树控制在 0.5%左右，露地蔬菜控制在 0.5%～1.5%，温室蔬菜控制在 0.2%～0.3%。对于处在生长旺盛期的作物，或者是成年的果树，喷施浓度可适当提高。

尿素在具体施用时，应注意以下问题：①尿素中含有少量的缩二脲，对种子的发芽和生长不利，因此一般不做种肥，更不可用尿素浸种或拌种。不得已做种肥时，应将种子和尿素分开下地。②尿素转化成碳酸氢铵后，在碱性土壤中易分解，造成氮素损失，因此要深施并覆土，不可表层撒施。③缩二脲含量高于0.5%的尿素，不可用做根外追肥。

（2）磷肥：以磷素营养元素为主要成分的化肥，包括普通过磷酸钙、钙镁磷肥等。磷肥磷与氮不同，在土壤中的移动距离很小，只有1cm左右，很容易被固定，其水溶性磷会逐步向难以被作物吸收利用的形态转化。因此，水溶性磷肥的施用要尽量减少磷的固定。难溶性磷肥的施用，要尽量使其扩大与作物根系的接触面。磷肥基施是提高其肥效的重要措施。基施的方法包括耕前撒施、耕前撒施与条施相结合、集中施用等。基肥一方面可以到较深的土层，便于根系吸收；另一方面可以满足作物磷的营养临界期的需要。而追施一般难以施到一定深度和整个耕层。在没施基肥或施用不足的情况下，要及早追施，尽量施到根系密集的土层。因土选择磷肥的品种，主要看土壤的酸碱性。偏碱性土壤宜选用水溶性磷肥，酸性土壤可选用枸溶性、难溶性磷肥。一般在土壤速效磷含量达20mg/kg以上时，可以不施或少施磷肥，其施用量主要看土壤速效磷的含量，在10～20mg/kg时，每公顷施磷45～75kg（纯磷）较合理；在10mg/kg以下时，则每公顷施用75～120kg（纯磷）为宜。不同作物对磷的敏感性不同，应先将磷肥施在比较敏感的作物上，这些作物包括豆科作物、甜菜、棉花、马铃薯、甘薯、油菜、瓜类和果树等。磷肥的当季利用率不高，但都有后效，因此在不同的轮作方式中，不一定每季作物都同样地施磷肥，而是将其施在能够充分发挥肥效的作物上，下茬作物利用其后效，少施或不施磷肥，以达到使轮作周期中每种作物均衡增长的目的。例如在粮—绿肥、粮—豆科作物轮作时，应将磷肥首先施在豆科作物或绿肥上，发挥以磷增氮的作用，粮食作物利用其后效；在冬小麦—玉米等秋粮轮作中，应将磷肥主要施用在小麦上。

（3）钾肥：以钾营养元素为主要成分的化肥，目前施用不多，主要品种有氯化钾、硫酸钾、硝酸钾等。

作物种类不同，对钾的需要是不一致的，应先将钾肥施用在喜钾作物上，如马铃薯、烟草、甜菜、棉花、瓜类、豆科作物等。适当施钾既可以增产，又可以提高或改善作物品质，其他作物可用其后效，不施或少施钾肥。施肥量较大的高产田，容易倒伏，可根据情况适当增施钾肥，搞好氮、磷、钾配施。钾肥的用量与土壤供钾水平、作物种类、产量水平等因素相关，一般可掌握每公顷60～90 kg用量（K_2O）。钾肥在土壤中移动性较弱，但在植物体内移动性和再利用能力很强，随着作物的生长，钾不断从老组织向生长活跃的新部位移动。因此，钾肥宜做基肥早期追肥，以保证作物生长前期的需要。同时，基肥施到较深的土层，可以减轻土壤的干湿交替引起的钾固定，作物能充分吸收利用，可以更好地发挥肥效。追肥也要尽量施到湿土层。

施用钾肥的方法大致有以下几种：①撒施后用犁翻压入土；②播种时随种或在种子附近条状施肥；③撒施后进行浅层耕作（耙地或耘田）；④穴施；⑤表面撒施；⑥叶面喷施。窄行作物如小麦可采用第一种方法作基肥。水稻用第三种方法，在插秧前施入并进行浅层耕作，称为耘面肥。沟施和穴施适用于宽行作物的追肥，如玉米、棉花、烟草、西瓜等。表面撒施仅限于水稻、小麦的早期追肥。因为大部分钾肥为氯化钾，不宜与种子混合施用，采用第二种方法只能施在种子附近。在缺钾地区对作物喷施钾肥有明显的效果，喷施浓度为 0.5%～1.0%。

2）中微量元素肥料及施用方法

微量元素肥料和某些中量元素肥料主要类型有：前者如含有硼、锌、铁、钼、锰、铜等微量元素的肥料，后者如钙、镁、硫等肥料。在农作物生产上，只有在满足作物对氮、磷、钾大量元素需要的前提下，才能发挥微量元素的作用，而微量元素的适量供给，又是充分发挥氮、磷、钾大量元素效益的重要条件。微量元素肥料与氮、磷、钾等其他肥料一样，对作物具有同等重要作用，缺一不可，不能互相代替。某一大量元素或微量元素不能满足作物需要时，其他营养元素充足或补充其他营养元素，仍将影响作物正常生长发育，且常常表现出特有的缺素症状，最终导致作物产量下降，品质变差。严重时，绝产绝收。因此，微量元素肥料的合理使用，是平衡施肥中一个不可缺少的重要环节。

微量元素的丰缺，因土壤类型不同及不同农作物的需求而有不同的标准。因此，在微量元素肥料施用时，必须先确定土壤中微量元素的丰缺状况和植物缺素状况，才能做到缺什么补什么、缺多少补多少，做到有针对性地施用微量元素肥料。

（1）钙肥：通常有石灰、石膏、硝酸钙、石灰氮、过磷酸钙等。石灰是酸性土壤常用的含钙肥料，在土壤 pH 为 5.0～6.0 时，石灰每公顷适宜用量为黏土地 1100～1800kg，壤土地 700～1100kg，砂土地 400～800kg。土壤酸性大可适当多施，酸性小可适当少施。石膏是碱性土常用的含钙肥料，石膏每公顷用量 1500kg 或含磷石膏 2000kg 左右。硝酸钙、氯化钙、氢氧化钙可用于叶面喷施，浓度因肥料、作物而异，在果树、蔬菜上硝酸钙喷施浓度为 0.5%～1.0%。石灰不宜使用过量，施用时要均匀；采用沟施、穴施时应避免与种子或根系接触。施用石灰必须配合施用有机肥和氮、磷、钾肥，但不能将石灰和人畜粪尿、铵态氮肥混合储存或施用，也不要与过磷酸钙混合储存和施用。石灰有 2～3 年残效，一次施用量较多时，第二、第三年的施用量可逐渐减少，然后停施 2 年再重新施用。

（2）镁肥：通常有硫酸镁、水镁矾、泻盐、氯化镁、硝酸镁、氧化镁、白云石、钙镁磷肥等。质地偏轻的土、酸性土、高淋溶的土及大量施磷肥的地块，易缺镁。镁肥用量因土壤作物而异，一般每公顷以纯镁计为 15～25kg。硫酸镁、硝酸镁可叶面喷施，在蔬菜上喷施浓度，硫酸镁为 0.5%～1.5%，硝酸镁为 0.5%～1.0%。在作物生长前期、中期可进行叶面喷施。不同作物及同一作物的不同生育时期要求喷施的浓度往往不同，用硫酸镁的水溶液喷施浓度应掌握：果树为 0.5%～1.0%，蔬菜为 0.2%～0.5%，大田作物如水稻、棉花、玉米为 0.3%～0.8%，每亩用镁肥喷施量为 50～150 kg。

（3）硫肥：通常有石膏、硫黄、硫酸镁、硫酸铵、硫酸钾、硫酸钙等。谷类和豆科作物，在土壤有效硫低于 12mg/kg 时就会发生缺硫。对硫敏感的作物有十字花科、豆科作物及葱、蒜、韭菜等，硫肥每公顷用量石膏为 150～300kg，硫黄为 30kg。施用时期：作物在临近生殖生长时，是需硫高峰期。因此，硫肥应该在生殖生长之前施用，作基肥施用较好，可以和氮、磷、钾等肥料混合，结合耕地施入土壤。施用量：硫肥的施用量应根据作物种类和土壤缺硫程度而定。在缺硫多的土壤上种植需硫多的作物，应多施硫肥。建议在小麦生产中，每亩施氮 10kg，应配施 2kg 硫。大豆生产中每亩施磷 3kg，应配施 3kg 硫。施用方法：硫肥可单独施用，也可和氮、磷、钾混合施用，结合耕地翻入土壤中。

（4）锌肥：通常有七水硫酸锌、一水硫酸锌、氯化锌、硝酸锌、碱式硫酸锌、碱式碳酸锌、碳酸锌、尿素锌、氧化锌、乙二胺四乙酸锌等。锌肥的施用，以做基肥效果最好，且不需要每年施用，可间隔 2 年左右施 1 次，一般每公顷施硫酸锌 7.5～30kg，在作物播种前，用 300～375kg 细干土与硫酸锌混匀施于土中种子下面或近旁。也可做追肥，追肥可采用土施或喷施，土施一般为每公顷施用硫酸锌 7.5～15kg；喷施为 0.05%、0.2%硫酸锌溶液，次数以 2～3 次为宜，每隔 7d 左右喷施 1 次，喷施时间，一般以下午 4 时以后喷施效果较好。也可用于种子处理，浸种和拌种。浸种用硫酸锌水溶液的浓度为 0.02%～0.1%，时间为 12～24h，阴干后即可播种；拌种，每千克用硫酸锌 2～6g，将硫酸锌放于农用喷雾器中，先用少量水溶解，再加适量水，边喷边拌，阴干后即可播种。锌与磷存在拮抗作用，所以不宜与磷肥掺和施用。

（5）硼肥：目前生长中应用的硼肥主要是硼砂，其次为硼酸和硼泥，还有如含硼玻璃肥料和硼镁肥等。硼肥主要用做基肥、追肥。做追肥时，可叶面喷施，也可土施。硼肥一般不用做种肥，若采用，需要严格掌握硼肥浓度和处理时间。硼肥可以与有机肥或氮、磷、钾等其他肥料混合施用，以混合后不产生沉淀为原则。做基肥时，每公顷施用硼砂 3.75～15kg 或硼泥 375～450kg，在种植作物前将肥料施入土壤中，以满足作物整个生育期的需要。做追肥，土施一般施于作物根际，每公顷施硼砂 3.75～7.5kg；喷施一般采用浓度为 0.1%～0.2%的硼砂溶液，果树喷施时浓度可提高到 0.3%。也可用于种子处理，通常采用浸种。浸种采用

0.02%～0.05%硼砂溶液或硼酸溶液，时间为 4h、6h。

（6）钼肥：常用的钼肥有钼酸铵、钼酸钠、三氧化钼、含钼玻璃肥料和含钼工业废渣等。钼肥施用方法主要为基肥、叶面喷施和种子处理。基肥一般施用每公顷 225～625g，菜类用量可达 1250g。钼肥作为基肥最好与氮、磷、钾大量元素肥料混合施于土壤中，或喷施在某些固体物质表面。叶面喷施是钼肥的常用方法，喷施浓度为 0.05%～0.1%在作物营养关键期进行喷施。一般豆科作物在苗期至花前期，小麦在返青期至拔节期，蔬菜在苗期至初花期进行喷施，次数为 2 次、3 次，每公顷施用钼肥溶液为 1250～1500 kg。浸种，这一方法适用于吸收溶液量少而慢的种子，如稻种、绿肥种。浸种浓度为 0.05%、0.1%，每千克种子用 1kg 钼酸铵溶液或其他钼肥溶液浸泡 8～12h，阴干后即可播种。拌种，适用于吸收溶液量大而快的种子，如豆类。一般每千克种子用 1～3g 钼酸铵，先用少量热水（10℃）溶解，再加水至所定浓度，边喷边搅拌种子，阴干后播种。摊种喷洒时，最好不要直接在水泥地上进行，而应垫上薄膜等，以免肥液损失。另外，拌种溶液要适量，过量易使种皮脱落，影响播种和全苗；过少，搅拌不均匀，影响肥效。

（7）铁肥：常用的铁肥有硫酸亚铁、硫酸亚铁铵、尿素铁络合物（三硝酸六尿素合铁）、磺腐酸二胺铁（磺腐酸铁）。铁肥一般采用基施和叶面喷施。在缺铁土壤中，直接施用铁肥。在中性和碱性土壤中易被固定，肥效不高，一般是将其与厩肥混合施用，以降低固定，增进肥效；叶面喷施，一般采用浓度为 0.2%～0.5%的硫酸亚铁溶液，每隔 7d、10d 喷施 1 次，直至复绿为止。但上述施用方法均存在一定的局限性。作基肥土施，由于施入的低价铁在土壤中很快被氧化形成高价铁，而难以被作物吸收，肥效降低。叶面喷施由于铁在作物体内的不移动性，常常使喷施到的部位复绿正常，而未喷施到的部分依然呈现病症。

（8）锰肥：目前常用的锰肥主要是硫酸锰，其他锰肥（氧化锰、碳酸锰、氯化锰、硫酸铵锰、硝酸锰、锰矿泥、含锰炉渣、络合态锰等）很少使用。锰肥可做基肥、追肥及种子处理使用。锰肥做基肥，可选择含锰复合肥、锰矿泥或可溶性锰肥。可溶性锰肥（如硫酸锰）做基肥应与生理酸性肥料或适量细干土混合，条施或穴施，每公顷 60kg 叶面喷施，用 0.1%～0.3%的硫酸锰溶液，在作物生长关键期进行一次或多次叶面喷施，每次间隔 7～10d，以 2～3 次为宜。果树喷施浓度可提高到 0.4%。喷施时以两面湿润不滴水为宜，喷施溶液量为 25～75kg。喷施时，可掺入酸性农药一起喷施。络合态锰用做喷施，尤其在果树、蔬菜上使用效果较好。土施一般在作物生长前期，每公顷 15～30kg，与生理酸性肥或细干土混合施于土中。浸种，用 1%硫酸锰溶液，时间为 12～48h（豆科 12h，麦类 24h，稻谷 48h），种子与溶液比例为 1∶1；拌种，用少量水溶解硫酸锰后，喷施在种子上，边洒边拌，阴干后播种，每千克种子用 4～8g。

（9）铜肥：铜肥有硫酸铜（常用）、氧化铜、氧化亚铜、螯合铜、铜矿渣（黄铁矿渣）、碱式硫酸铜。铜肥使用方法主要有基肥、叶面喷施及种子处理等。做基肥时，每公顷施用 7.5～15kg，与有机肥、化肥混合施用，或与细干土混合施用。砂性土壤要与有机肥混施，一般每 3～5 年施用 1 次。叶面喷施浓度为 0.01%～0.02%。常在苗期或开花前施用。拌种，每千克种子 0.3～1g，先用少量水溶解硫酸铜，然后喷洒在种子上，拌匀，阴干后播种；浸种，用硫酸铜 10～50g，加 100kg 水配制成 0.01%～0.05%溶液，浸泡 12～24h，捞出阴干后播种；蘸秧苗，在播种前用 0.1%硫酸铜溶液蘸秧苗。

注意事项： 作物对微量元素的需要量很少，而且从适量到过量的范围很窄，因此要防止微肥用量过大。土壤施用时还必须施得均匀，浓度要保证适宜，否则会引起植物中毒，污染土壤与环境，甚至进入食物链，有碍人畜健康。微量元素的缺乏，往往不是因为土壤中微量元素含量低，而是其有效性低，通过调节土壤条件，如土壤酸碱度、氧化还原性、土壤质地、有机质含量、土壤含水量等，可以有效地改善土壤的微量元素营养条件。微量元素和氮、磷、钾等营养元素都是同等重要、不可代替的，只有在满足了植物对大量元素需要的前提下，施用微量元素肥料才能充分发挥肥效，才能表现出明显的增产效果。

2. 测土配方平衡施肥技术

1）测土配方施肥的理论依据

测土配方施肥，考虑作物、土壤、肥料体系的相互联系，其理论依据主要有以下几个方面：①肥料报酬递减律。对某一作物品种的肥料投入量应有一定的限度。在缺肥的中低地区，施用肥料的增产幅度大，而高产地区，施用肥料的技术要求则比较严格。肥料的过量投入，不论是哪类地区，都会导致肥料效益下降，以致减产。因此，确定最经济的肥料用量是配方施肥的核心。②作物生长所必需的多种营养元素之间有一定的比例。有针对性地解决限制当地产量提高的最小养分，协调各营养元素之间的比例关系，纠正过去单一施肥的偏见，实行氮、磷、钾和微量元素肥料的配合施用，发挥诸养分之间的互相促进作用，是配方施肥的重要依据。③在养分归还（补偿）学说的指导下，配方施肥体现了解决作物需肥与土壤供肥的矛盾。作物的生长，不但消耗土壤养分，而且消耗土壤有机质。因此，正确处理好肥料（有机与无机肥料）投入与作物产出、用地与养地的关系，是提高作物产量和改善品质，也是维持和提高土壤肥力的重要措施。④测土配方施肥是一项综合性技术体系。它虽然以确定不同养分的施肥总量为主要内容，但为了充分发挥肥料的最大增产效益，施肥必须与选用良种、肥水管理耕作制度、气候变化等影响肥效的诸因素相结合，配方肥料生产要求有严密的组织和系列化的服务，形成一套完整的施肥技术体系。

2）确定测土配方的基本技术

当前所推广的配方施肥技术从定量施肥的不同依据来划分，可以归纳为以下三个类型。

（1）地力分级配方法：地力分区（级）配方法的做法是，按土壤肥力高低分为若干等级，或划出一个肥力均等的田片，作为一个配方区，利用土壤普查资料和过去田间试验成果，结合群众的实践经验，估算出这一配方区内比较适宜的肥料种类及其施用量。

地力分区（级）配方法的优点是针对性强，提出的用量和措施接近当地经验，群众易于接受，推广的阻力比较小。但其缺点是，有地区局限性，依赖于经验较多。适用于生产水平差异小、基础较差的地区。推行过程中，必须结合试验示范，逐步扩大科学测试手段和指导的比重。

（2）目标产量配方法：目标产量配方法是根据作物产量的构成，由土壤和肥料两个方面供给养分原理来计算施肥量。目标产量确定以后，计算作为需要吸收多少养分来施用肥料。目前有以下两种方法。

养分平衡法：以土壤养分测定值来计算土壤供肥量。肥料需要量可按下列公式计算：

肥料需要量=（作物单位产量养分吸收量×目标产量−土壤养分测定值
×0.15×校正系数）/（肥料中养分含量×肥料当季利用率）

作物总吸收量=作物单位产量养分吸收量×目标产量

土壤养分供给量（公斤）＝土壤养分测定值×0.15×校正系数

土壤养分测定值以 mg/kg 表示，0.15 为该养分在每亩 15 万公斤表土中换算成公斤/亩的系数。

这一方法的优点是概念清楚，容易掌握。缺点是：由于土壤的缓冲性和气候条件的变化，校正系数的变异较大，准确度差。因为土壤是一个具有缓冲性的物质体系，土壤中各养分处于一种动态平衡之中，土壤能供给的养分，随作物生长和环境条件的变化而变化，而测定值是一个相对值，不能直接计算出土壤的"绝对"供肥量，需要通过试验获得一个校正系数加以调整，才能估计土壤供肥量。

地力差减法：作物在不施任何肥料的情况下所得的产量称空白田产量，它所吸收的养分，全部取自土壤。从目标产量中减去空白田产量，就是施肥所得的产量。可按下列公式计算：

$$肥料需要量=\frac{作物单位产量养分吸收量×(目标产量-空白田产量)}{肥料中养分含量×肥料当季利用率}$$

这一方法的优点是，不需要进行土壤测试，避免了养分平衡法的缺点。缺点是：空白田产量不能预先获得，给推广带来了困难。同时，空白田产量是构成产量诸因素的综合反映，无法代表若干营养元素的丰缺情况，只能以作物吸收量来计算需肥量。当土壤肥力越高，作物对土壤的依赖越大（即作物吸自土壤的养分越多）时，需要由肥料供应的养分就越少，可能出现剥削地力的情况而又未能及时察觉，必须引起注意。

（3）肥料效应函数法：通过简单的对比，或应用正交、回归等试验设计，进行多点田间试验，从而选出最优的处理，确定肥料的施用量，主要有以下三种方法。

多因子正交、回归设计法：此法一般以单因素或二因素多水平试验设计为基础，将不同处理得到的产量进行数量统计，求得产量与施肥量之间的函数关系（即肥料效应方程式）。根据方程式，不仅可以直观地看出不同元素肥料的增产效应，以及其配合施用的联应效果，还可以分别计算出经济施用量（最佳施肥量）、施肥上限和施肥下限，作为建议施肥量的依据。此法的优点是，能客观地反映影响肥效诸因素的综合效果，精确度高，反馈性好。缺点是：有地区局限性，需要在不同类型土壤上布置多点试验，积累不同年度的资料，费时较长。

养分丰缺指标法：利用土壤养分测定值和作物吸收土壤养分之间存在的相关性，对不同作物通过田间试验，把土壤测定值以一定的级差分等，制成养分丰缺及施肥料数量检索表。取得土壤测定值，就可对照检索表按级确定肥料施用量。此法的优点是，直感性强，定肥简捷方便。缺点是精确度较差，由于土壤理化性质的差异，土壤氮的测定值和产量之间的相关性很差，一般只用于磷、钾和微量元素肥料的定肥。

氮、磷、钾比例法：通过一种养分的定量，按各种养分之间的比例关系来决定其他养分的肥料用量，如以氮定磷、定钾，以磷定氮等。此法的优点是，减少了工作量，也容易被群众所理解。缺点是，作物对养分吸收的比例和应施肥料养分之间的比例是不同的，在实用上不一定能反映缺素的真实情况。由于土壤各养分的供应强度不同，因此，作为补充养分的肥料需要量只是弥补了土壤的不足。所以，推行这一定肥方法时，必须预先做好田间试验，对不同土壤条件和不同作物相应地做出符合客观要求的肥料氮、磷、钾比例。

配方施肥的三类方法可以互相补充，并不互相排斥。形成一个具体配方施肥方案时，可以一种方法为主，参考其他方法，配合起来运用。这样做的好处是：可以吸收各法的优点，消除或减少存在的缺点，在产前能确定更符合实际的肥料用量。

3）测土配方施肥关键技术环节

测土配方施肥是根据土壤测试结果、田间试验、作物需肥规律、农业生产要求等，在合理施用有机肥的基础上，提出氮、磷、钾、中微量元素等肥料数量与配比，并在适宜时间，采用适宜方法施用的施肥方法。测土配方施肥主要包括以下几项关键技术环节。

（1）田间采样：田间试验是通过土样的采集，获得各种作物最佳施肥量、施肥时间、施肥方法的根本途径，也是筛选、验证土壤养分测定技术、建立施肥指标体系的基本环节。土样采集一般在秋收后进行，采样的主要要求是：地点选择及采集的土壤都要有代表性。从过去采集土壤的情况看，很多农民甚至有的技术人员对采样不够重视，不能严格执行操作程序。取得的土样没有代表性。采集土样是平衡施肥的基础，如果取样不准，就从根本上失去了平衡施肥的科学性。为了了解作物生长期内土壤耕层中养分供应状况，取样深度一般在20cm，如果种植作物根系较长，可以适当加深土层。

（2）土壤肥力基本诊断：采集样品后可进行土壤肥力基本诊断：碱解氮、速效磷、速效钾、有机质和pH。这五项之中，碱解氮、速效磷、速效钾，是体现土壤肥力的三大标志性营养元素。有机质和pH两项可做参考项目，根据需要可针对性化验中、微量营养元素。土壤化验要准确、及时。化验取得的数据要按农户填写化验单，并登记造册，装入地力档案，输入计算机，建立土壤数据库。

（3）配方设计：配方选定由农业专家和专业农业科技人员来完成。首先要由农户提供地块种植的作物及其规划的产量指标。农业科技人员根据一定产量指标的农作物需肥量、土壤的供肥量，以及不同肥料的当季利用率，选定肥料配比和施肥量。这个肥料配方应按测试地块落实到农户。按户按作物开方，以便农户按方买肥，"对症下药"。通过总结田间试验、土壤养分数据等，划分不同的施肥分区；同时，根据气候、地貌、土壤、耕作制度等相似性和差异性，结合专家经验，提出不同作物的施肥配方。

（4）科学用肥及田间监测：配方肥料大多是作为底肥一次性施用。要掌握好施肥深度，控制好肥料与种子的距离，尽可能有效满足作物苗期和生长发育中、后期对肥料的需要。用作追肥的肥料，更要看天、看地、看作物，掌握追肥时机，提倡水施、深施，提高肥料利用率。同时，平衡施肥是一个动态管理的过程。使用配方肥料之后，要观察农作物生长发育，要看收成结果。从中分析，做出调查。在农业专家指导下，基层专业农业科技人员与农民技术员和农户相结合，田间监测，翔实记录，纳入地力管理档案，并及时反馈到专家和技术咨询系统，作为调整修订平衡施肥配方的重要依据。

（5）配方修订：一般应用配方施肥技术来测定施肥配方，但是施肥配方不可能在任何条件下都能应用。一个配方，只能在一个时期内适用于特定的土壤、作物、气候及耕作条件。按照测土得来的数据和田间监测的情况，由农业专家组和专业农业科技咨询组共同分析研究，修改确定肥料配方，使平衡施肥的技术措施更切合实际，更具有科学性。

4）常用配方施肥和无公害施肥技术

（1）水稻配方施肥和无公害施肥技术。

施肥原则：有机肥和化肥配合施用；氮、磷、钾施用；缓效性肥料和速效性肥料配合施用；大量元素和微量全元素配合施用。

水稻施肥数量和施肥方法：正常生长发育过程中除必需的 16 种营养元素外，吸收的硅量也很大。据分析，每生产 1000 kg 稻谷，需吸收硅 175～00 kg、氮 16～25 kg、磷 6～13 kg、钾 14～31 kg，吸收氮、磷、钾的比例大约为 1：0.5：1.2。红壤地区的杂交水稻吸收钾量一般高于普通水稻，且南方红壤比较缺钾，复混肥中比较合适的氮、磷、钾比例为 1：0.3～0.5：0.7～1.0，平均为 1：0.4：0.9。品种熟期不同，水稻施肥量不同。晚熟品种每亩施用量为氮 20～22 kg、磷 9 kg、钾 6 kg、硅 50 kg，微量元素适量；中早熟品种为氮 16～18 kg、磷 8 kg、钾 6 kg、硅 50 kg，微量元素适量。

基肥：播种前或插秧前结合整地施入的肥料，以有机肥为主，一般亩施 1000～1500 kg。晚熟品种亩施水稻专用肥 40～60 kg、硅肥 50～100 kg 或磷酸二铵 20 kg、尿素 14～16 kg、氯化钾 10 kg。中早熟品种亩施水稻专用肥 30～50 kg、硅肥 50～80kg 或磷酸二铵 17 kg、尿素 10～13 kg、氯化钾 8 kg、锌肥 1 kg。

分蘖肥：移栽水稻返青后至分蘖期间追施的肥料，目的是弥补稻田前期土壤速效养分的不足，促进分蘖早生快发，为水稻后期生长奠定基础。要适量控制氮肥，重视施用磷、钾肥，一般分两次施用。晚熟插秧品种第一次在水稻插秧后 5～7d 进行，每亩施用水稻专用肥 5～6 kg 或尿素 6.5～7 kg、碳酸氢铵 17.5～9.5 kg；第二次在插秧后 15d 左右，亩施水稻专用肥 6～7 kg 或尿素 6.5～7 kg。中早熟品种第一次在 3.5～4 叶期，亩施水稻专用肥 5～6 kg 或尿素 5.5～6 kg；第二次在插秧后 6 叶期，亩施水稻专用肥 5～6 kg，尿素 5.5～6 kg。

穗肥：在水稻幼穗开始分化至穗粒形成期追施的肥料。根据田间水稻长势确定追肥量和追肥时间。晚熟品种亩施水稻专用肥 4～4.5 kg 或尿素 4 kg，中早熟品种亩施水稻专用肥 3～4 kg 或尿素 3.5～4 kg。

粒肥：在水稻全田齐穗前后追施的肥料。晚熟品种亩施水稻专用肥 3～4 kg 或尿素 3 kg，中早熟品种亩施水稻专用肥 2～3 kg 或尿素 2～3 kg。

水稻专用肥料配方。

配方一：氮、磷、钾三大元素总含量 30% 的水稻专用肥配方为氮：五氧化二磷：氧化钾=1：0.40：0.90=13：5.2：11.8，另外该配方中含硅 9.15%，氨基酸螯合（络合）锌、锰、硼等 1.5%，增效剂 1.2%，调理剂 2.5%，添加剂 2.5%。

配方二：氮、磷、钾三大元素总含量 30% 的水稻专用肥配方为氮：五氧化二磷：氧化钾=1：0.40：0.91=13：5.2：11.8，另外该配方中含硅9.0%，磷石膏10%，增效剂 1.2%，调理剂 2.5%，添加剂 2.5%。

也可以按农田土壤肥力折算每亩施肥配方。

上等肥力田：每亩施用氮 10.8～12.6 kg、五氧化二磷 6.2～6.5 kg、氧化钾 12.4～14.5 kg，共 31.5 kg，其中氮、磷、钾比例为 1∶0.50～0.54∶1.14～1.17。折合用尿素 23.47～27.39 kg、普钙 39.4～43.33 kg、氯化钾 20.66～24.66 kg 指标施用量。

中等肥力田：每亩施用氮 9.6～11.9 kg、五氧化二磷 1～6.2kg、氧化钾 9.5～11.8 kg，共 27.6 kg，其中氮、磷、钾比例为 1∶0.51～0.52∶0.8～1.0。折合用尿素 20.86～25.86 kg、普钙 34.0～41.33 kg、氯化钾 15.83～19.8 kg 指标施用量。

下等肥力田：每亩施用氮 8.61～10.8 kg、五氧化二磷 4.67～5.5 kg、氧化钾 9.4～10.9kg，共 25.7 kg，氮、磷、钾比例为 1∶0.50～0.51∶0.87～1.0，折合用尿素 18.71～23.47 kg、普钙 31.13～36.66 kg、氯化钾 15.6～18.16 kg 指标施用量。

（2）花生配方施肥和无公害施肥技术。

施肥原则：花生施肥应以有机肥料为主，化学肥料为辅；基肥为主，追肥为辅；追肥以苗肥为主，化肥、果肥为辅，氮、磷、钾、钙配合施用。

每生产 100 kg 花生荚果需吸收氮 5.0～6.8 kg、磷 1.0～1.3 kg、钾 2.0～3.8 kg，其吸收的氮、磷、钾比例为 1∶0.18∶0.48。苗期需肥较少，开花期和结荚期需肥量分别占总需肥量的 25% 和 50%～60%。花生施用氮∶五氧化二磷∶氧化钾的配比大致为 1∶1.2～1.5∶1.5～2.0。同时，花生对钙、镁的吸收量也很大，每生产 100 kg 花生荚果，吸收钙 2.52 kg、镁 2.53 kg。此外，花生还要吸收一定量的硼、硫等元素，可以适量施用花生根瘤菌剂和微量元素肥料。

适当施用农家肥和石灰有利于培肥旱地红壤地力、降低红壤酸度、增加花生产量。厩肥、堆肥、土杂肥每亩施用量为 2500～4000 kg；用肥量大时可撒施、小时可条施或穴施。磷肥以钙镁磷肥为好，每亩用量为 15～20 kg。钾肥宜用氯化钾或硫酸钾，每亩用量为 5～10 kg；缺少钾肥的地区，可用草木灰和窑灰钾肥，每亩用量为 50～60 kg。红壤石灰施用量一般在每亩 100～150 kg，需要与其他肥料配合，如施用钙、镁、磷肥时可以减少石灰用量；需要根据石灰用量间隔施用，防止土壤复酸，并防止连续施用导致土壤板结。

施肥数量和施肥方法。

基肥：一般应占施肥总量的 70%，以腐熟的有机肥为主，配合适量复合肥料或专用肥料。每亩施用有机肥 1500～2000 kg，如果施用复合肥，一般每亩施用花生专用肥 30～50 kg，结合播前整地，均匀撒施，耙匀后开沟播种，条施或穴施。缺钼的土壤，可结合根瘤菌一起拌种，用量为每千克花生种子加 2 g 钼酸铵（用少量水溶化后边喷边拌）。

追肥：苗期。3～5 叶期或开花初期施用速效性氮肥，对促进分枝早发壮秧和增加花、荚数等有良好效果，一般亩施花生专用肥 4～6 kg、尿素 5～6 kg。开花结荚期：花生是喜钙作物，所以应适量、适时补充钙元素。一般亩施花生专用肥 10 kg、石灰 10 kg 或单一磷石膏 10 kg。果荚充实期：这一时期对磷和钙需求量大增，但是磷、钙相互之间有抑制作用，在施用时应分开进行。采用根外追肥，可喷施适量的叶面肥和 0.2%～0.4%的磷酸二氢钾，以及 2%硫酸钾、氯化钾水溶液，每隔 7d 喷一次，连续喷 2～3 次，喷施磷酸二氢钾 7d 后，喷施 1～2 次 0.3%左右的氯化钙溶液。

花生专用肥料配方。按专用复混肥中大量元素氮、磷、钾总含量为 35%的配方，氮：磷：钾=7.8：11.7：15.6≈1：1.5：2。该专用花生肥中还含有 30%磷石膏，1%增效剂，3%调理剂。其原则是"大配方，小调整"。

（3）玉米配方施肥和无公害施肥技术。

施肥原则：每个生长时期玉米需要养分比例不同。玉米从出苗到拔节，吸收氮 2.5%、有效磷 1.12%、有效钾 3%；从拔节到开花，吸收氮 51.15%、有效磷 63.81%、有效钾 97%；从开花到成熟，吸收氮 46.35%、有效磷 35.07%、有效钾 0%。

玉米营养临界期：玉米磷素营养临界期在 3 叶期，一般是种子营养转向土壤营养时期；玉米氮素临界期则比磷稍后，通常在营养生长转向生殖生长的时期。临界期对养分需求并不大，但养分要全面，比例要适宜。这个时期营养元素过多过少或者不平衡，对玉米生长发育都将产生明显不良影响，而且以后无论怎样补充缺乏的营养元素都无济于事。

玉米营养最大效率期：玉米最大效率期在大喇叭口期。这是玉米养分吸收最快、最大的时期。这期间玉米需要养分的绝对数量和相对数量都最大，吸收速度也最快，肥料的作用最大，此时肥料施用量适宜，玉米增产效果最明显。

玉米生长需要从土壤中吸收多种矿质营养元素，其中以氮素最多，钾次之，磷居第三位。一般每生产 100kg 籽粒需从土壤中吸收纯氮 2.5kg、五氧化二磷 1.2kg、氧化钾 2.0kg。氮、磷、钾比例为 1：0.48：0.8。

施肥数量和施肥方法：玉米对锌非常敏感，如果土壤中有效锌少于 0.5～1.0mg/kg，就需要施用锌肥。土壤中锌的有效性在酸性条件下比碱性条件要高，所以现在碱性和石灰性土壤容易缺锌。长期施磷肥的地区，由于磷与锌的拮抗作用，易诱发缺锌，应给予补充。常用锌肥有硫酸锌和氯化锌，基施亩用量 0.5～2.5kg，拌种 4～5g/kg，浸种浓度为 0.02%～0.05%。如果复混肥中含有一定量的锌就不必单独施锌肥了。

基肥：2000～3000kg 有机肥、全部磷肥、1/3 氮肥、全部的钾肥做基肥或种肥。可结合犁离地起垄一次施入播种沟内，使肥料施到 10～15cm 的耕层中。所有的化肥都可做基肥。

种肥：种肥是最经济有效的施肥方法。种肥的施用方法多种，如拌种、浸种、条施、穴施。拌种可选用腐殖酸、生物肥及微肥，将肥料溶解，喷洒在玉米种子上，边喷边拌，使肥料溶液均匀地沾在种子表面，阴干后播种。浸种：将肥料溶解配成一定浓度，把种子放入溶液中浸泡 12h，阴干后随即播种。条施、穴施：化肥适宜条施、穴施，做种肥化肥用量 2～5kg。但肥料一定与种子隔开；深施肥更好，深度以 10～15cm 为宜。尿素、碳酸氢铵、氯化铵、氯化钾不宜做种肥。

追肥：剩下 2/3 氮肥做追肥。追肥分苗、秆、穗肥和粒肥四种追肥时期，并将以下两个时期作为重点：①秆肥。拔节后 10d 内追施，有促进茎生长和促进幼穗分化的作用。将追肥中氮肥的三分之一做拔节肥，结合铲趟，肥与苗的距离为 5～7cm。②穗肥。剩下的氮肥在玉米抽雄前 10～15d 大喇叭口期施入，能有促进穗大粒多，并对后期籽粒灌浆也有良好效果。

（4）大豆配方施肥和无公害施肥技术。

施肥原则：大豆一生分为 3 个时期，种子萌发到始花之前为前期，始花至终花为中期，终花至成熟为后期。大豆吸氮高峰在开花盛期，吸磷高峰在开花到结荚期，但幼苗期对磷十分敏感，吸收钾的高峰在结荚期。大豆整个生育期对氮肥的吸收是"少、多、少"，而对磷的吸收是"多、少、多"。因此，必须重视花期供氮，而磷肥以作基肥和种肥为好。大豆施肥要求亩施氮 2～5kg，磷 5～7.5kg，钾 7.5～10kg。相当于农家肥 20～30 担，尿素 8kg，过磷酸钙 20～25kg，氯化钾或硫酸钾 10kg。大豆氮肥可做基肥、种肥或追肥，磷肥以一次作基肥或种肥施用，钾肥多作基肥施用。

施肥数量和施肥方法。基肥：基肥以农家肥为主，混施磷、钾肥。一般亩施农家肥 20 担，尿素 2.5kg，过磷酸钙 20～25kg，与堆肥堆沤约半月，播种时加入草木灰 2～3 担，充分拌匀，开沟条施或穴施。

种肥。种肥在未施基肥或基肥数量较少条件下施用。一般每亩施过磷酸钙 10～15kg 和硝酸铵 3～5kg，或磷酸铵 5kg 左右。施肥深度 8～10cm，距离种子 6～8cm 为好。

追肥：大豆是否追施氮肥，取决于前期的施肥情况。如果基肥种肥均未施而土壤肥力水平又较低，可在初花期施少量氮肥，一般每亩施尿素 4～5kg 或硝铵 5～10kg，追肥时应与大豆植株保持距离 10cm 左右。土壤缺磷时在追肥中还应补施磷肥，磷铵是大豆理想的氮磷追肥。在土壤肥力水平较高的地块，不要追施氮肥。根外追肥可在盛花期或终花期。多用尿素和钼酸铵。尿素亩施 1～2kg，磷酸二氢钾 75～100g，加水 40～50kg。

补锌：播种时每亩配施 0.5～1kg 硫酸锌或用 0.2%～0.3%硫酸锌溶液在苗期、

初花期叶面喷施。土壤有效硼含量在低于 0.5mg/L，施硼效果显著。可用 0.1%浓度的硼酸或硼砂作根外喷施。

补钼：钼肥可拌种，作种肥或根外深施。拌种：每公斤种子用 1～2g 钼酸铵放入瓷盆加水溶解，其水量以能拌湿种子而又不剩肥液为度，阴干后播种。根外施肥：用 0.05%～0.1%钼酸铵，每亩 50kg 溶液，在苗期至开花前喷施。种肥：每亩 10g 钼酸铵加水溶解与磷酸钾或农家肥混合作种肥沟施或穴施（孙波，2011）。

第二节　耕地基础地力综合调控技术

一、高产田稳产可持续利用调控技术

广东省高产田主要位于珠江三角洲平原区、粤北丘陵地区和粤西南丘陵地区，地形主要为平原和宽谷平原，水田为主，土壤质地主要为轻壤和中壤，有机质含量为 26～42 g/kg，养分均衡，pH 为 5.6～7.2，耕层厚度大于 16 cm，灌溉能力和排水能力充分满足，生物多样性丰富。但由于长期高强度的耕作、高密度种植、大量和不合理施用化肥及化学农药、作物连作或不合理种植制度，已经出现土壤生态平衡破坏、微生物群落多样性下降、微生物群落功能失调、土传病害等现象，造成作物减产，产品质量低劣。因此，针对高产田常出现的养分盈余、环境失调等问题，需要使用新型的控释及微生物技术进行调控。

1. 缓控释肥技术

1）缓控释肥定义及原理

缓控释肥料是指养分释放速率缓慢，释放期较长，使其养分按照设定的释放率和释放期缓慢或控制释放的肥料，在作物的整个生长期都可以满足作物生长需求的肥料。其突出特点是释放率和释放期与作物生长规律有机结合，从而使肥料养分有效利用率得到提升。相对于速效肥，具有以下优点：在水中的溶解度小，营养元素在土壤中释放缓慢，减少了营养元素的损失，提高了化肥利用率；肥效长期、稳定，能源源不断地供给植物在整个生产期对养分的需求；由于肥料释放缓慢，一次大量施用不会导致土壤盐分过高而"烧苗"；减少了施肥的数量和次数，降低了生产成本，减少了环境污染。

控释肥释放原理是在传统肥料外层包一层特殊的膜，确切地说是通过高科技制成的高分子树脂包膜外壳来完成的，它的核心是把复合肥料或单质肥料包上一层均匀的外壳。当肥料施入土壤后，土壤水分从膜孔进入，溶解了一部分养分，然后通过膜孔释放出来，当温度升高时，植物生长加快，养分需求量加大，肥料释放速率也随之加快；当温度降低时，植物生长缓慢或休眠，肥料释放速率也随之变慢或停止释放。另外，作物吸收养分多时，肥料颗粒膜外侧养分浓度下降，造成膜内外浓度梯度增大，肥料释放速率加快，从而使养分释放模式与作物需肥规律相一致，使肥料利用率最大化。

2）缓控释肥分类及区别

缓控释肥实际为缓释肥和控释肥两个定义集合体，缓释肥（SRFs）又称长效肥料，主要指施入土壤后转变为植物有效养分的速度比普通肥料缓慢的肥料。一般通过化学的和生物的因素使肥料中的养分释放速率变慢。其释放速率、方式和持续时间不能很好地控制，受施肥方式和环境条件的影响较大。缓释肥的高级形式为控释肥（CAFs），是指通过各种机制措施预先设定肥料在作物生长季节的释放模式，使其养分释放规律与作物养分吸收基本同步，从而达到提高肥效目的的一类肥料。一般是通过外表包膜的方式把水溶性肥料包在膜内使养分缓慢释放，当包膜的肥料颗粒接触潮湿土壤时，土壤中的水分透过包膜渗透进入内部，使部分肥料溶解。这部分水溶养分又透过包膜上的微孔缓慢而不断向外扩散。肥料释放的速度取决于土壤的温度及膜的厚度，温度越高，肥料的溶解速度及穿越膜的速度越快；膜越薄，渗透越快。

缓释肥和控释肥都是比速效肥具有更长肥效的肥料，从这个意义上来说缓释肥与控释肥之间没有严格的区别。但从控制养分释放速率的机制和效果来看，缓释肥和控释肥是有区别的。缓释肥在释放时受土壤 pH、微生物活动、土壤中水分含量、土壤类型及灌溉水量等许多外界因素的影响，肥料释放不均匀，养分释放速度和作物的营养需求不一定完全同步；同时大部分为单体肥，以氮肥为主。而控释肥多为氮-磷-钾复合肥或再加上微量元素的全营养肥，施入土壤后，它的释放速度只受土壤温度的影响。但土壤温度对植物生长速度的影响也很大，在比较大的温度范围内，土壤温度升高，控释肥的释放速度加快，同时植物的生长速度加快，对肥料的需求也增加。

因此，控释肥释放养分的速度与植物对养分的需求速度比较符合，从而能满足作物在不同的生长阶段对养分的需求。

3）常用缓效氮肥

缓释氮肥又称长效氮肥或控制释放氮肥，指化学成分改变或表面包涂半透水性或不透水性物质，而使其中有效养分慢慢释放，保持肥效较长的氮肥。缓释氮肥的最重要特性是可以控制其释放速度，在施入土壤以后逐渐分解，逐渐为作物吸收利用，使料中养分能满足作物整个生长期中各个生长阶段的不同需要，一次施用后，肥效可维持数月至一年以上。

缓释氮肥按其农业的化学性质可分为 4 种类型：合成有机氮肥、包膜肥料、缓溶性、无机肥料、天然有机质为基体的各种氨化肥料。其中最主要的类型是合成有机氮肥和包膜肥料。合成缓释氮肥的品种主要有：脲甲醛、亚异丁基二脲、亚丁烯基二脲、草酰胺、磷酸镁铵等。包膜肥料主要品种有：硫黄包膜肥料、聚合物包膜肥料、石蜡包膜肥料。

（1）合成缓释氮肥。

脲醛肥料：以脲醛树脂为核心原料的新型复混肥产品，是一种高氮缓释肥，其养分释放缓慢、肥效期长、氮利用率可达 80%以上，肥效可持续作用 80d 以上，最长可达两年；而且其淋湿率很低，一般的以尿素、铵态氮复合肥系列复合肥，其肥效在两周内淋湿率达到了 70%以上。

异亚丁基二脲：异亚丁基二脲是一种白色晶体，理论含氮量为 32.18%。分子量为 174.21，比重为 1.3，在 205℃熔化并分解，不吸水，在冷水中溶解度极低，室温下每 100mL 水中溶解 0.1～0.01g，氮素活度指数为 96。粉末状和颗粒状均可使用。由于这种缓释氮肥在水中溶解度低，可以有效地控制氮素释放，氮肥利用率比脲甲醛大 1 倍，而且可与其他化肥混合使用。异亚丁基二脲中添加聚丙烯酰胺，然后造粒，可以在旱田中作土壤改良剂，增加土壤团粒结构，提高作物产量，异亚丁基二脲可用于旱田作物和水田上。在水田上使用异亚丁基二脲和使用硫铵对比，水稻产量高 20%～25%。异亚丁基二脲除作为肥料以外，还可作为反刍动物配合饲料及单胃动物（如禽类、猪、兔、马等）的饲料。

草酸胺：草酸胺又名草酸二酰胺，乙二酰胺。分子式为（$CONH_2$）$_2$，含氮 31.81%。白色晶体，微溶于热水和乙醇中，冷水中几乎不溶，100g 水中在 7℃时溶解 0.04g，100℃时溶解 0.6g。熔点为 419℃，比重为 1.667，不吸水，无毒，可无限期储存。草酸胺非常适合作缓释氮肥，但因其成本较其他品种肥料高，所以未能广泛使用。草酸胺作为肥料是有其优越性的，可使水稻增产 0～30%。草酸胺造粒以后施用，其肥效比其他缓释氮肥，如异亚丁基二脲为佳。草酸胺的水解速度受土壤中微生物和草酸胺粒度的影响，粒度越大，溶解越慢。

磷酸镁铵：磷酸镁铵是一种白色固体，有一水和六水两种结晶状态。市售的商品肥料，通常含氮 9.02%、五氧化二磷 45.69%、氧化镁 25.95%。国外的大田试验证明磷酸镁铵对树木、果树、观赏植物是良好的肥料，也可用于海带、紫菜等的施肥。

以天然有机物为基质的氨化肥料——氨化泥炭、氨化褐煤、褐煤、风化煤或泥煤、通常含腐殖酸在 30%～60%，可将这些物质直接氨化，也可以采用沸腾床用空气进一步氧化后再进行氨化。氨化方法有湿法和干法两种。湿法氨化的褐煤或泥煤，除具有一定的氮肥价值外，还具有有机肥的优点，对于土壤耕性有所改善。

（2）包膜氮肥。

硫包尿素：在包膜肥料中，硫包尿素占有特殊地位。这主要是由于硫本身既为包膜材料又是营养元素，而且成本较低。硫包尿素一般含氮量为 36%～37%。硫包尿素适用于生长期长的作物，如牧草、甘蔗、菠萝，以及间歇灌溉条件下的水稻等，不适于快速生长的作物，如玉米之类。硫包尿素比普通尿素被作物吸收的有效利用率可提高 1 倍，硫包尿素作为水稻的氮源是有前途的，某些硫包尿素获得的谷物产量，明显高于使用尿素而获得的谷物产量。

树脂包膜的尿素：树脂包膜的尿素是采用各种不同的树脂材料，主要由于释放慢，起到长效和缓效的作用，可以减少一些作物追肥的次数，玉米采用长效尿素可实现一次性施用底肥，改变以往在小喇叭口期或大喇叭口期追肥的不便，在水稻田插秧时一次施足肥料即可以减少多次作用的进行。蔬菜上，特别是一些地膜覆盖栽培的蔬菜使用长效（缓效）肥可以减少施肥的次数，提高肥料的利用率节省肥料。试验结果表明，使用包衣尿素可以节省常规用量的 50%。树脂包膜尿素的关键是包膜的均匀性和可控性，以及包层的稳定性，有一些包膜尿素包层很脆甚至在运输过程中就容易脱落影响包衣的效果，包衣的薄厚不均匀，释放速率不一样也是影响包膜尿素应用效果的一个因素。目前包膜尿素还存在一个问题，有的包膜过程比较复杂、包衣材料价格比较高，经过包衣后使成本增加过高，影响肥料的应用范围；有些包膜材料在土壤中不容易降解，长期连续使用也会造成对土壤环境的污染，破坏土壤的物理性状。目前很多人都在进行包衣尿素的研究，以通过新工艺、新材料的挖掘使得包衣尿素更完整。

2. 微生物调控技术

1）微生物肥料

在农业生产中有益微生物最常使用的方式就是微生物肥料。微生物肥料，又称细菌肥料或生物肥料，是由一种或数种有益微生物、培养基质和添加物（载体）培制而成的生物性肥料，通称菌肥或菌剂。菌肥中微生物通过代谢，起到或增加土壤中的氮、某些植物生长素、抗生素的含量，或促进土壤中一些有效性低的营养性物质的转化，或兼具刺激植物的生育进程及防治病虫害的作用。微生物肥料的有效性表现为两方面：①改善作物的营养条件。有益微生物能将某些作物不能吸收利用的物质转化为可吸收利用的营养物质，也就是生物固氮、解磷、解钾和活化微量元素，提高土壤中养分的利用率。②刺激作物的生长。有益微生物在代谢过程中能产生植物激素和抗生素，促进作物的生长和增强作物的抗病能力。影响微生物肥料有效性的内在因素是微生物的质量，必须选用优良的菌种，而且要达到足够的数量，一般每亩地应至少施入有益微生物 1000 亿～3000 亿个。在配制生物复合肥及计算成品施用量时，一定要考虑有益微生物的引入量，数量过小，就无法表现其有效性。

（1）微生物肥料种类。按作用机理可将微生物肥料分为固氮菌肥、根瘤菌肥、解磷菌肥、解钾菌肥、光合细菌肥料、放线菌肥、芽孢杆菌制剂、VA 菌根菌类和 EM 复合菌类。

固氮菌肥：是利用微生物自身或联合固氮固定空气中的氮素，增加土壤对氮素的供应，它是微生物肥料最早出现的一种。农作物需要的氮大部分由土壤中各类氮细菌通过生物固氮作用来提供，接种固氮微生物可以达到使用化学氮肥的效果。但由于微生物固氮过程需要厌氧、贫氮和能源等条件，加之各种类型固氮菌对植物的专一性影响了固氮效果，因此固氮微生物肥料应用效果总体不佳。

根瘤菌肥：根瘤菌侵染豆科植物根部形成根瘤，利用豆科植物寄主提供的能量将空气中的氮转化成氨，进而转化成谷氨酰胺和谷氨酸类供给植物生长。它是使用时间最长、效果最佳的菌肥。在红壤旱地豆科牧草、花生、大豆上接种根瘤菌剂，可以获得很好的增产效应。

解磷菌肥：通过解磷作用提高土壤磷素的有效供给，提高作物产量。在红壤荒地上施用解磷菌剂，对青菜有良好的增产效应，并能显著提高土壤微生物数量、土壤速效磷及青菜中全磷含量。

解钾菌肥中的硅酸盐细菌可以分解土壤中云母、长石等含钾铝硅酸盐及磷灰石，提高土壤有效钾、磷的供应。同时，一些钾细菌有微弱的固氮能力，并能代谢产生赤霉素、细胞分裂素、吲哚乙酸等生理活性物质，不仅能促进作物生长，还能提高作物抗病能力。在红壤地区水稻土中施用生物钾肥，可以提高土壤速效钾、速效磷的含量，促进水稻早分蘖、多成穗，提高产量；在红壤地区甘蔗田中施用生物钾肥，也可降低钾肥的投入，增加产量。

光合细菌肥料：是一类能将光能转化成生物代谢活动能量的原核微生物，是地球上最早的光合物。它是能进行不放氧光合作用的一大类细菌的总称，广泛存在于自然界的水田、湖泊、江河、海洋、活性污泥及土境内，生命力极强，在高温的温泉、300%的高盐湖及南极冰封的海岸上，都曾发现它的存在。在不同的自然环境下，光合细菌具有多种生理功能，如硫化物氧化、固碳、固氮和脱氯，在自然界物质转化和能量循环中起着重要作用。光合细菌的种类很多，包括蓝细菌、紫纫菌、绿细菌和盐细菌等，与生产应用关系密切的主要是红螺菌科中的一些属种，如深红红螺菌、盐场红螺菌等。

放线菌肥料：该菌能分泌抗菌物质和植物生长激素，具有抑制作物病害，促进和调节植物生长的作用。可与绿肥、厩肥混用，或浸种、拌种、催芽，或作为基肥使用，对多种蔬菜、瓜果、洋芋、蚕豆及小麦、水稻起到增产作用，尤其在缺磷地区增产效果更加明显。

芽孢杆菌制剂：芽孢杆菌是土壤微生物区系中具有抗逆性强、适应性广的一群细菌，其中有很多菌具有较强的酶系，能积极参与土壤中多种营养物质的转化，是一群比较稳定的有机物的分解者。常用的菌种主要有：①枯草芽孢杆菌。细胞杆状，很少成链，芽孢囊不膨大，芽孢中生，椭圆形。此菌的代谢产物有许多激素、酶类，应用十分广泛。②地衣芽孢杆菌。细胞杆状，通常成链，芽孢囊不膨大，芽孢中生，椭圆形。此菌的代谢产物含有一些抗、抑菌物质，往往对某些土传病害有拮抗作用，因而可以减轻作物病害，而使之增产。③多黏类芽孢杆菌。细胞杆状，芽孢囊膨大，芽孢端生。多黏类芽孢杆菌和固氮类芽孢杆菌被认为在一定条件下有固氮能力，有一些应用。

VA 菌根： 泡囊-丛枝菌根（vesicular-arbuscular mycorrhiza），是分布最广的内生菌根，可与全球 90%以上的植物形成共生体系，包括绝大多数农作物、园艺作物、蔬菜作物和牧草，可以促进宿主作物对土壤矿质元素的吸收，提高对根部病菌、干旱、高温、重金属污染的抗性。接种菌根真菌可以促进红壤经济林果（如柑橘、油桐、茶树）植株对氮、磷的吸收，促进植株生长；促进侵蚀红壤上胡枝子的生长；抑制红壤植物对重金属的吸收，增加其抗性。其不足之处也是对共生植物有选择性，实际应用中需要选择合适的菌株和植物组合，同时土壤性质、植物生长状况也会影响 VA 菌根真菌的侵染。

EM 复合菌剂： 有益微生物群（effective microorganisms），是由光合菌、乳酸菌、酵母菌、发酵丝状菌、放线菌等功能各异的 5 科 10 属约 80 多种微生物构成的一个复杂而稳定的具多元功能的微生态系统。在农业上，EM 菌剂可以促进作物种子发芽，提高出苗率和成活率；提高光合能力，促进植物对土壤养分和未分解有机物（绿肥、秸秆、根茬等）的有效利用；增强作物对病虫害的免疫；抑制土壤中有害微生物，尤其是病原菌和腐败细菌，直接或间接促进植物生长。红壤上施用 EM 菌剂可以克服花生等的连作障碍，显著增加花生产量。

（2）微生物肥料特点及施用方法。微生物肥料作为一种生物制剂具有以下特点：①不破坏土壤结构、保护生态、不污染环境，对人、畜和植物无毒无害。②肥效持久。③提高作物产量和改进作物产品品质。④成本低廉。⑤有些种类的生物肥料对作物具有选择性。⑥其效果往往受到土壤条件（如养分、有机质、水分、酸碱度等）和环境因素（如温度、通气、光照等）的制约。⑦一般不能与杀虫剂、杀菌剂（除真菌或杀细菌）混用。⑧易受紫外线的影响，不能长期暴露于阳光下照射。所以在使用过程中需注意下列方法和事项。

拌种： 加入适量的清水将微生物肥料调成水糊状，将种子放入，充分搅拌，使每粒种子沾满肥粉（必要时加一些米汤增加黏度），拌匀后放在阴凉干燥处阴干，然后播种。

做种肥： 在播种之前和其他种肥混匀播下。

做基肥：与其他化肥如有机肥、复合化肥、土杂肥混匀后撒施（不可在正午进行，避免阳光直射），随即翻耕入土以备播种混匀，施入土中做基肥。

蘸根：大部分在苗床上施用。苗根不带营养土的秧苗移栽时，将秧苗放入用适量清水调成水糊状的微生物肥料中蘸根，使其根部粘上菌肥，然后移栽，覆土浇水当苗根带营养土或营养钵的秧苗移栽时，可进行穴施，把微生物肥料施入每个苗穴中，然后将秧苗栽入，覆土浇水。

追肥：①沟施法。在作物种植行的一侧开沟，距植株茎基部15cm，沟宽10 cm，沟深10 cm。每亩用菌肥约2kg，可单独或与追肥用的其他肥料混匀施入沟中，覆土浇水。②穴施法。在距作物植株茎基部15cm处开一个深10cm小穴，可单独或与追肥用的其他肥料混匀施入穴中，覆土浇水。③灌根法。每亩用菌肥1～2kg，兑水50倍搅匀后灌到作物的茎基部即可。此法适用于移苗和定植后浇定根水。冲施法：每亩使用菌肥3～5kg，随浇水均匀冲施。

（3）微生物肥料应用注意事项。**要注意无机、有机肥料配合使用。**由于生物肥料中微生物的活动需要大量的能量，如自生固氮菌每固定27kg氮素就需要消耗100kg碳，共生固氮菌更是每消耗100kg碳却只能固定1kg氮。微生物肥料，甚至包括其中复合了许多无机、有机营养的复合类微生物肥料也不能从营养角度完全满足作物生长的需求。所以，生物肥料必须是在施足有机肥和适量化肥的基础上才能发挥出其增产效果，或者说生物肥料只能作为辅助肥料，而不能代替化肥和有机肥。在生产中还应根据不同作物、不同时期配合使用追肥，平衡施肥，因土、因作物施肥在任何时期都是很重要的，长期单一施用某一种化肥是不行的。

选择质量有保证的产品。要选择获得农业部登记的微生物肥料产品。实际选购时要注意此产品是否经过严格的检测并有产品合格证。同时，要注意产品的有效期。产品中有效微生物的数量是随保存时间的延长而逐步减少的，若数量过少则会失效。因此，虽然一般微生物肥料标明有效期为1～2年，但最好还是选用当年的产品，越早使用越好。要坚决放弃霉变或超过保存期的产品。避免开袋后长期不用。开袋后长期不用，其他菌就有可能侵入袋内，使微生物菌群发生改变，影响其使用效果。有效活菌数达不到标准的微生物肥料不要使用，国家规定微生物肥料菌剂有效菌数不低于2亿/g。

避免阳光直晒肥料。要防止紫外线杀死肥料中的微生物，保证微生物在适宜温度范围内生长繁殖。产品储存环境温度以15～28℃为最佳。避免在高温干旱条件下使用，应选择阴天或晴天的傍晚使用这类肥料，并结合盖土盖粪、浇水等措施，避免微生物肥料受阳光直射或水分不足而难以发挥作用。

保持土壤的良好状态：要通过合理使用农业技术措施，改善土壤温度、湿度和酸碱度等环境条件，保持土壤良好的通气状态（即耕作层要求疏松、湿润），保证土壤中能源物质和营养供应充足，促使有益微生物的大量繁殖和旺盛代谢，从而发挥其良好的增产增效作用。

严格按使用说明施用：无论是做拌种、基肥还是追肥施用，都应严格按照使用说明书的要求操作。例如，根瘤菌肥适宜于中性微碱性土壤，多用于拌种。每亩用量 15～25g，加适量水混匀后拌种。拌种时及拌种后要防止阳光直射，播后立即覆土。剩余种子放在 20～25℃背光地方保存。若用农药消毒种子，要在拌种前 2～3 周拌药。不能用拌过杀虫剂、杀菌剂的种子搅拌微生物肥料。固氮菌肥特别适合叶菜类。作基肥应与有机肥配施，施后立即覆土。作追肥用水调成稀泥浆状，施后立即覆土。作种肥加适量水混匀后与种子混拌，稍后即可播种。磷细菌肥拌种时随用随拌，不能和农药及过酸或过碱肥料施用。拌种量为 1kg 种子加菌肥 0.5g 和水 0.4g。基肥用量每亩 1.5～5kg，施后覆土。追肥宜在作物开花前施用。钾细菌肥作基肥与有机肥混施，每亩用量 10～20kg，施后覆土。拌种时加适量水制成悬液喷在种子上拌匀。蘸根时 1kg 菌肥加清水 5kg，蘸后立即栽植，避免阳光直射。

不同作物应采用不同施用方法：茄果类、瓜菜类、首蓝类等蔬菜，可用微生物菌剂 2kg 与 1 亩地育苗床土混匀后播种育苗，也可用微生物菌剂 2kg/亩与农家肥或化肥混合后作底肥或追肥；西瓜、番茄、辣椒等需育苗移栽的蔬菜，可用复合微生物肥科穴施，深度 10～15cm，每亩施入 100kg，也可与有机肥、化肥配施，施用时避免与植株直接接触。在苗期、花期、果实膨大期进行适当追施氮肥和钾肥。芹菜、小白菜等叶菜类，可将复合微生物肥料与种子一起撒播，施后及时浇水（刘爱民，2007）。

2）微生物农药

微生物农药是指能够用来杀虫、灭菌、除草及调节植物生长等的微生物的活体或代谢产物，它是生物防治的物质基础和重要手段。按作用对象可将微生物农药分为杀虫剂、杀菌剂、除草剂及植物调节剂。

（1）微生物杀虫剂：主要包括细菌杀虫剂、真菌杀虫剂、病毒杀虫剂和微孢子杀虫剂。细菌杀虫剂（bacterial insecticide）的作用机制是胃毒作用，由对某些昆虫有致病或致死作用的细菌及其所含活性成分制成。目前筛选获得的杀虫细菌有 100 多种，被投入实际应用的主要有 4 种，即苏云金芽孢杆菌（*Bacillus thuringiensis*，BT）、日本金龟子芽孢杆菌（*Bacillus popilliae*）、球形芽孢杆菌（*Bacillus sphaericu*，Meyer and Neide）和缓病芽孢杆菌（*Bacellus Lentmorbus*）。其中，苏云金芽孢杆菌产生的伴孢晶体，可以杀死 150 多种鳞翅目昆虫，且对人畜无害，并且它具有多个亚种和血清型，害虫很难对其产生抗性，因此应用广泛。真菌杀虫剂的作用机制是触杀作用，主要是通过真菌侵入昆虫体内，菌丝体在虫体内不断繁殖，造成病理变化和物理损害，导致昆虫死亡。比较常见的杀虫真菌有白僵菌（*Beauveria bassiano* Vuil-lemin）、绿僵菌（*Metarhi-zium anisopliae* Sorokin）、多毛菌（*Hirsut-ella thompsonil*）、轮枝菌（*Verticillium lecanii*）和座壳孢菌（*Aaschersonia* sp.）等。病毒杀虫剂是利用病毒侵入昆虫后，核酸在宿主细胞内复制，产生大量病毒粒子，促使宿主细胞破裂，导致昆虫死亡。其中研究最多、应用最广的是正核型多角体病毒（nuclear polyhedrosis virus，NPV）、质型多角体病毒（cytoplasmic polyhedrosis virus，CPV）和颗粒体病毒（granulosis virus，GV）。微孢子杀虫剂中的主体微孢子虫是一种原生动物，它经宿主口或卵、皮肤感染，在其体内增殖，致使宿主死亡。当前用于农林防治的微孢子杀虫剂有 3 种，即行军虫微孢子虫、云杉卷叶蛾微孢子虫和蝗虫微孢子虫。

（2）微生物杀菌剂：主要包括细菌杀菌剂、真菌杀菌剂和农用抗生素，通过抑制病原菌能量产生、干扰生物合成和破坏细胞结构来抑制病原菌。用作生物杀菌剂的拮抗细菌主要有枯草杆菌（*Bcaillus subtilis*）、放射形土壤杆菌（*Agrobacterium radiobacter*）、洋葱球茎病假单孢菌（*Burkholderia cepacia* Wisconsin）、胡萝卜软腐欧文氏菌（*Erwinia carotovora* Holl）、地衣芽孢杆菌（*Bacillus licheniformis*）、假单孢菌（*Pseudomonas*）。真菌杀菌剂应用最广泛的是木霉菌（*Trichoderma* spp.）和粘帚霉（*Gliocladium* spp.）。农用抗生素是利用微生物产生的次生代谢产物在低浓度时能抑制或杀灭作物病害、调节作物生长的原理进行研制的，包括井冈霉素、春日霉素、多效霉素、武夷菌素、科生霉素等。

（3）微生物除草剂：包括活体微生物除草剂和农用抗生素除草剂两大类。活体微生物除草剂通过微生物孢子、菌丝等直接进入杂草组织，产生毒素，使得杂草发病，影响杂草正常生长，导致杂草死亡。目前具有杂草生物防治开发潜力的真菌种类有镰刀菌属（*Fusarium* sp.）、刺盘孢菌属（*Colletotrichum* sp.）、链格孢菌属（*Alternaria* sp.）、尾孢菌属（*Cercospora* sp.）、疫霉属（*Phytophthora* sp.）、柄锈菌属（*Puccinia* sp.）、黑粉菌属（*Ustilago* sp.）、核盘菌属（*Sclerotinia* sp.）、壳单孢菌（*Amerosporium* sp.）；细菌主要有假单孢杆菌属（*Pseudomonas* sp.）、黄杆菌属（*Flavobacterium* sp.）、黄单孢杆菌属（*Xanthomonas* sp.）等。农用抗生素除草剂是细菌、真菌和放线菌等微生物发酵过程所产生的具有抑制某些杂草生物活性的次级代谢产物。

植物调节剂是从微生物代谢产物中提取的能促进植物生长的物质。赤霉素是目前使用最广、最有效的促植物生长的农用抗生素。此外，油菜素内酯、吲哚乙酸、芸苔素内酯等也广泛用于粮棉油及经济作物的生产。

（4）微生物农药应用中存在的问题。

使用成本高：由于微生物农药大多是通过微生物发酵生产制造出来的，而发酵工程是一项高新技术，生产发酵过程中能耗大、投入多，其生产成本与化学农药相比没有竞争性，特别是与目前的复配农药相比更没有竞争性。加上微生物农药往往有较复杂的田间使用技术，使用的次数多，人工和用药成本上升，造成了微生物农药成本相对比化学农药高。

田间效果不稳定：微生物农药在自然界中易分解，残效期短，其田间药效维持时间比化学农药短，使用次数增加，加上农民未按其应用技术要求用药时，就易造成其田间效果不稳定。另外，同一品种的生产厂多时，产品质量控制水平不一致，也是造成其田间效果不稳定的另一个原因。同时，部分转基因品种不能在植株的整个生长期全部表达或表达的水平不均一，致使使用效率下降。

3. 土传病害的生态防治技术体系

土传病害是指生活在土壤中的病原体或者土壤中病株残体中的病菌，从作物根部或茎部侵害而引起的植株病害。真菌、细菌、线虫、病毒等微生物都有可能成为土传病害的病原物，由这些病原微生物导致的枯萎病、立枯病、猝倒病、根腐病、青枯病、根结线虫病、疫病常常给农业生产带来重大的经济损失，严重制约了高效农业的发展。近年来由于农药化肥的大量施用，土壤的理化性质发生了较大变化，土壤中有益微生物减少，土壤自身的修复能力降低，因而土传病害发生严重。加之现在农业现代化水平的提高，设施土壤大量出现，种植的植物品种单一，复种指数高，生态多样性遭到严重破坏，这些都为致病微生物提供了赖以生存的寄主和繁殖场所，也是土传病害大量发生的重要原因之一。

特别是广东省高产田中集约化利用耕地的方式加剧了作物土传病害，进而导致土壤健康质量退化等严重问题，如香蕉枯萎病、番茄青枯病等。因此，采取综合防治措施，加强土传病害的预防与治疗势在必行。有效防治方法如下。

1）培育抗病品种

随着生物工程的发展，在基因工程和细胞工程技术的推动下，人们已经选育了较多的抗病品种。因地制宜选用抗病品种，适时播种，培育壮苗，及时移栽，合理施肥，科学用水，为植株创造一个适合农产品生长发育的环境条件，培育健壮植株，提高植株自身的抗病能力是预防土传病害的有效措施。例如，高产抗病黄瓜品种PW0805对白粉病和霜霉病的抗性很好，西瓜新品种农科大9号对枯萎病有较好抗性；利用抗病品种砧木的抗病性，通过嫁接技术也能够有效防治土传病害。

2）土壤消毒

物理消毒技术：物理消毒技术主要是利用太阳能、蒸汽、热水、电场、磁场等作用来杀死土壤中的微生物。一般的物理消毒方法有高温灭菌和空间电场法两种。高温灭菌是指在夏季换茬整地时，利用高温进行土壤消毒，具体方法为将土壤翻耕浇水，待土壤湿透后，用透明塑料膜覆盖严实，闭棚升温，高温闷棚，白天土表温度可达 70℃，20 cm 深土层全天都在 40～50 ℃，持续 7～10d，即可起到土壤消毒杀菌的作用，减轻根结线虫病、枯萎病、软腐病、菌核病等多种病害的危害。空间电场法包括吊线法、吊线+强化剂增强法、吊线+烟气二氧化碳增补法、吊线+强化剂+烟气二氧化碳三补法四种。该方法既可调控作物生长，又可预防病害。研究表明，空间电场吊线+强化剂增强法对草莓免遭枯萎病、黄萎病、灰霉病、菌核病、炭疽病侵染的保护率均在 84 ％以上。

化学消毒技术： 用化学药品对土壤进行消毒，使土壤中的致病微生物失活死亡，从而达到防治土传病害发生的目的。土壤消毒应在作物收获后立即进行，因为此时根结线虫大多处于表土层，可取得良好的防治效果。研究表明，立枯病、猝倒病、灰霉病、疫病、枯萎病、青枯病、根腐病、根结线虫病均可用化学药品消毒来进行防治，但是使用化学药品消毒需要交替轮换使用，以防止病菌产生抗药性。利用化学药剂对土壤进行熏蒸杀毒，常用的化学药剂有氰氮化钙、溴甲烷、硫黄粉等。杜英杰等采用氯化苦处理连作草莓土壤，显著降低了根腐病、枯萎病、青枯病等土传性病害的发生率，各种土传病害的病株率仅为 5.2%，而对照处理中终果期土传病害的病株率为 87.5%。

3）生物防治技术

利用一些有益微生物对土壤中的特定病原菌产生拮抗物质，抑制病原菌的生长，或通过竞争营养等途径来减少病原菌的数量，从而减少连作病害的发生。针对黄瓜的连作病害，利用假单胞菌株 M18 的活菌浸根，并且在大棚定植后在根际进行浇灌，枯萎病发病率可以降低 70%～80%，霜霉病发病率平均下降 70%，黄瓜产量提高 20%以上。针对大豆连作的根腐病，在土壤中接种真菌菌株（ZKF23、HHSD223 和 HHSD231）可以产生有效的拮抗作用，接种混合菌株对病原菌的抑制效果超过单一菌株。

生防细菌防治： 生防细菌在土传病害的防治中起着非常重要的作用，由于其种类和数量众多，繁殖速度快；人工培养，便于控制；具有较好的生态位，能增加作物产量，因此用生防细菌防治土传病害越来越受到人们的重视。

生防细菌对土传病害的防治主要有竞争作用、拮抗作用和诱导抗性三种机制。竞争作用即生防微生物通过对营养物质的争夺、物理和生物学位点的抢夺等方式控制植物病原微生物的发展。在作物根表存在着一些适合细菌生长和繁殖的有利位点，有益微生物抢先占领这些位点：一方面能有效地利用根围营养和根分泌物，减少病原菌所必需的营养物质；另一方面可以阻止或降低有害菌在这些位置繁殖和发展。拮抗作用是指微生物通过同化作用产生抗菌物质抑制有害病原菌的生长和发展，或直接杀灭病原物。诱导系统抗性就是利用生物或非生物的因子处理植物，使植株形成物理或化学障碍，从而对病原微生物产生抗性。

生防细菌 B579 具有良好的防治土传病害的效果及促进黄瓜生长作用的效果；芽孢杆菌 Rb2 和 Rb6 菌液浸种，对小麦苗期纹枯病的防效分别为 71.8%和 78.1%。枯草芽孢杆菌 B916 菌液喷施入工接种发病的水稻，对纹枯病的防效达到 50%～80%。

生防真菌防治：生防真菌是一类具有生防能力的真菌，包括腐生性真菌和寄生性真菌，其中木霉属真菌是效果最好的一种。毛壳菌也是一种重要的生防真菌，它对棉花、甜菜等多种植物的种子腐烂病、种苗猝倒病，以及洋葱白腐病、大豆茎秆枯腐病等都有明显的抑制作用。仅利用一种拮抗菌进行防治的田间防效不稳定，常常因为气候变化等环境因素的改变而收不到预期的效果。如果综合拮抗微生物的作用机制、生长条件和生态适应性等特点，将不同拮抗菌菌株混合使用，那么其生物防治的效果和稳定性均可大大提高。木霉的生防机制主要包括：竞争作用、重寄生作用、抗生作用和诱导抗性作用。木霉有特别强的生存空间及营养资源竞争能力，与病原微生物同时存在时能够抑制病原菌的生长繁殖，从而达到防治植物土传病害的目的。重寄生作用是木霉与病原菌之间的寄生作用，又叫真菌寄生，是指木霉寄生于病原菌菌丝内，阻止病原菌的生长，从而起到生防作用，这是木霉拮抗病原菌的主要作用机制。抗生作用主要是指木霉菌的抗菌代谢产物对病原菌的杀灭作用，木霉菌在生命活动过程中可产生一些拮抗性的化学物质来抑制植物病原菌的生长，这类化学物质通常是一些挥发性或非挥发性的抗生素，多数木霉菌可产生两种以上的抗生素；木霉中的某些菌株是可以诱导植物产生抗性的生物因子，诱导抗性也就是木霉通过诱导使寄主植物体内产生一系列的防卫反应，产生过氧化物酶、几丁质酶等抗病物质，使得植株激发产生与植物抗病性有关的物质代谢，提高植株抗病能力。

4）农耕措施防治

有机肥防治：近年来，有机肥特别是生物有机肥的研制和应用，给土传病害的防治带来了新的途径。有机肥特别是添加了多种功能菌的生物有机肥能够有效抑制病原菌，减少土传病害的发生。堆肥是农业生产中最常用的有机肥料，能有效防治多种作物土传病害，可以有效减少小麦白粉病、生姜青枯病、草莓黑根腐病、秋海棠灰霉病、仙客来萎蔫病、康乃馨根部腐烂，以及萝卜、番茄、莴苣等细菌性叶斑病的发生。使用不同原料堆肥会具有不同的效果，猪粪、鸡粪、中药渣分别为原料堆制的有机肥对草莓、黄瓜的土传病害都有防效，使黄瓜健苗率分别提高 65%、77%、60%，使草莓健苗率分别提高 45%、50%、60%。有机肥的施用上粉状有机肥和液体有机肥配合施用时防病效果最显著。有机肥能够抑制土传病害发生的主要原因：①土壤中施用有机肥后，其中的无机盐类和抗生素类可直接抑制病原菌，而有机物质的降解也会产生对病原菌有毒的挥发性物质，抑制土传病害的发生。②有机肥能够改善土壤微环境，提高植物自身的抵抗力。③有机肥本身含有大量的有益微生物，能够和土壤的致病微生物竞争生存环境和资源，甚至能够产生抑制致病微生物的物质，抑制病原菌的生长。④有机肥能够作为植物抗病性的诱导因子，诱发植物产生抗病性而控制土传病的发生。同时，控制化肥用量，实行有机肥与化肥相结合，氮、磷、钾合理配施，是减轻酸害的主要措施。在连作和轮作条件下施用有机肥均有增产效果，连作条件下施用有机肥增产13.3%，轮作条件下增产 8.1%。有机肥与生物肥配合施用可以显著增加土壤细菌和放线菌数量、降低真菌数量。

栽培与耕作技术防治： 与病原菌非寄主植物的轮作和间作，可显著降低土壤中的病原菌数量。也可以采用避开发病期的种植方式，如针对高温期易发生枯萎病、青枯病、蔓枯病等，在栽培上错过高温期，或在高温前采取预防措施，减轻病害发生。与花生单作相比，花生与西瓜、甘薯、玉米等作物轮作其根腐病、青枯病、白绢病发病率可减轻 1/2～1/3。花生与小麦和水萝卜轮作后，花生荚果产量较花生单作对照分别提高 25.1%和 21.2%。低丘红壤区有灌水条件的旱地实行水旱轮作，也可显著增加花生产量。改进土壤耕翻技术：深翻可以打破犁底层，增加活土层，促进根系的发育，同时可将病原菌和虫卵较多的表层土"深埋"，减轻病虫危害。例如，秋季种冬白萝卜前进行深翻，第二年种花生时病害明显减轻。目前常采用土壤翻转改良耕地法，翻转深度 50 cm，荚果产量较常规耕深（20 cm）增加 29.6%，花生生育期田间杂草数量减少 336.5%，病情指数降低。

5）生态防治技术集成体系

防治土传病害，必须认真实行"以防为主、综合防治"的植保方针。总体上可集成利用以上技术：利用拮抗菌、固氮菌、菌根真菌等高效功能微生物能够防病促生、净化或消除土壤有毒物质。部分生物肥料、生物有机肥和土壤添加剂能够兼顾抑病和营养功能、促进作物生长、提高作物产量品质等。功能性肥料具有低成本、高效、环保的优点，优化组合高效功能菌、采用保护新的耕作方式、种植方式（连作、间作、轮作等）、田间管理等农业综合措施可以改善土壤微生态条件、提高土壤生态肥力，提高土壤抑制作物病害能力，从而有效持久控制作物土传病害。

6）应用中可能产生的问题

现在土传病害的防治虽然已经有了多种方法，但是存在着各种不足和局限：①现有的抗病品种抗病性还不是很普遍，大多数抗病基因只能在一定的种、属之间表达，而几乎所有抗性品种都只对某一种或者少数几种致病微生物有抵抗作用。②土壤消毒的方法虽然简单、有效，但大多只能局限于设施农业，在大田农业中能很难实现，并且用化学药品消毒还会使病原菌产生抗药性，会对环境造成污染。③生防细菌和生防真菌的选育，特别是高效广谱的生防菌选育还有待进一步研究，生防菌对土壤有益微生物和土壤中微生物多样性影响的问题都还有待解决。④有机肥特别是生物有机肥虽然有较好的生防效果，但并不稳定，其生防条件的控制及不同有机肥的配施有待进一步研究（李永红，2002）。

二、中低产田改良调控技术

广东省中低产田主要位于雷州半岛丘陵台地区和粤中南丘陵地区。中等产田地形主要为平原、宽谷平原、低丘坡麓和丘间洼地，土壤质地主要为轻壤、砂壤和中壤，有机质含量为 20～28 g/kg，养分基本均衡，pH 为 5.0～5.9，耕层厚度处于 14～20 cm，生物多样性一般，灌溉能力和排水能力基本满足农田需求。低等产田地形部位主要为低丘坡麓和丘间洼地，土壤质地主要为砂壤、重壤、黏土和砂土，酸化严重，存在砂化及板结，有机质含量为 10～22 g/kg，养分不均衡，pH 为 4.3～5.2，耕层厚度为 10～18 cm，生物多样性不丰富，灌溉能力不足。

1. 土壤结构改良剂应用技术

土壤结构改良剂是用来促进土壤形成团粒，改良土壤结构，提高肥力相固定表土；保护耕层，防止水土冲刷流失及防止渠道渗漏的矿物质制剂、腐殖质制剂和人工合成聚合物制剂。土壤结构改良剂是根据土壤中天然团粒形成的客观规律，以植物遗体、泥炭、褐煤等为原料，从中抽取腐殖酸、纤维素、本质素、多糖醛羧类等物质作为团粒的胶结剂，同时模拟天然团粒胶结剂的分子结构、性质，以现代有机合成技术人工合成高分子聚合物作为团粒胶结剂。其特点为用于改良土壤的物理、化学和生物性质，使其更适宜于植物生长，而不是主要提供植物养分的物料。

1）常用土壤改良剂种类及作用

土壤改良剂具有其特定的各种理化性质，能促使分散土粒形成团粒，改良土壤结构，改善与土壤结构密切相关的其他物理性质，如土壤孔隙度、通气性、透水性、坚实度、硬度、水分物理；防止土壤板结、变硬、盐渍化，有利于土壤翻耕，减少径流和土壤侵蚀，稳定土壤结构；同时，还能改善土壤的化学性质，加强土壤微生物的生命活动，提高肥料利用率，调节土壤的水、肥、气、热的状况，提高土壤肥力（表 4-5）。

表 4-5　常用土壤改良剂种类及作用

有机土壤改良剂	醋酸纤维、甲基纤维素、糊精、胡敏酸钠、胡敏酸钾、苯乙烯-丙烯腈共聚物、聚丙烯酸钠、聚丙烯腈、果胶、木质胶制剂、硬脂酸、松香酸钠制剂
无机土壤改良剂	硅酸钠、膨润土、沸石、氟石、磷石灰、蛭石、石膏、泥炭、珍珠岩和海泡石
有机-无机土壤改良剂	氧化硅有机化合物、聚烃硅氧化物、费洛塔尔制剂等

　　2）常用土壤改良剂使用方法

　　土壤改良剂在使用上一般分为固态和液态两种施用方式，其中固态改良剂可采用撒施、沟施、穴施、环施、拌施等方法施入土壤，而液态改良剂则一般采用地表喷施、灌施等方法，具体施用方式应视改良剂的性质及当地的土壤环境而定。将固态改良剂直接施入土壤后，虽然可吸水膨胀，但是很难溶解进入土壤溶液，其改土效果往往受到影响；而在相同的情况下，将改良剂溶于水后再施用，土壤的物理性状明显得到改善。例如，聚丙烯酰胺在土壤搅动（如耕翻或栽培作业）后随灌溉水使用，其改良效果最好；而干施处理的效果较差，其原因是聚丙烯酰胺水化和分散不完全、不能被完全利用。此外，不同改良剂混合使用或与化肥配施对土壤的改良效果明显较好。例如，聚丙烯酰胺 45 kg/hm^2 与多聚糖 90 kg/hm^2 混合剂对改良钙质土壤的效果最好，具有明显的正交互作用。有研究报道，沸石+石灰+氮磷钾对油菜的增产效应最为显著，与单施氮、磷、钾处理相比增产 72.7%～229.3%。同时，不少改良剂同时也可作为肥料使用。例如，石灰多用作基肥，也可做追肥。稻田施用石灰多在插秧前整地时施入；旱地可结合犁田整地时施用石灰，也可采用局部条施或穴施。石灰不能与氮、磷、钾、微肥等一起混合施用，一般先施石灰，几天后再施其他肥料。石灰作为肥料有后效，一般隔 3～5 年施用一次。石膏可作为基肥、追肥和种肥。旱地作基肥，一般每亩用量 15～25kg，将石膏粉碎后撒于地面，结合耕作施于土壤；水田施用石膏，可结合耕地施用，也可栽秧后撒施或塞秧根，每亩用量 5～10kg。最后，需要注意土壤改良剂的用量，用量不足或过多均对其使用效果有明显的影响。在酸性土上，低量的石灰石粉（562.5 kg/hm^2）、碳酸钙粉（750.0 kg/hm^2）及低量（750.0 kg/hm^2）至高量（3000.0 kg/hm^2）的白云石粉对土壤 pH 的影响均不明显，其适宜用量分别为 1125～1688 kg/hm^2、1500～2250 kg/hm^2 及 1500～3000 kg/hm^2。幼龄荔枝园应用营养型酸性土壤改良剂时以每株施用 6 kg 为宜。土壤改良剂对草地早熟禾（*Poa pratensis*）在 2 kg/m^2 用量水平上为宜，对高羊茅（*Festuca arundinacea*）和黑麦草（*Lolium perenne*）在 3 kg/m^2 用量水平上为宜。可见，栽植的作物种类不同土壤改良剂的施用剂量也不同。

　　2. 保护性耕作技术

　　保护性耕作技术是指在能够保证种子发芽的前提下，通过少耕、免耕、化学除草技术措施的应用，尽可能保持作物残茬覆盖地表，减少土壤水蚀、风蚀，实现农业可持续发展的一项农业耕作技术。它以减少土壤体系破坏为原则，考虑以较低能耗和物质投入来维持作物相对高产并可获取较高利润，是一种具有生态保护意义的持续性农业形式。

1）保护性耕作关键技术

保护性耕作主要包括四项关键技术：免耕播种技术、秸秆残茬处理技术、杂草及病虫害控制技术和土壤深松技术。

免耕播种技术：免耕播种技术又叫留茬播种法，其特点是收获后不翻耕，在留茬地上直接用特制的带有灭茬、施肥、播种、覆土机构的免耕播种机播种，除喷洒药剂外不再进行其他任何土壤耕作。可以有效地防止水分蒸发和风蚀、水蚀，减少田间作业次数，有利于抢农时、节省劳力、节约燃料、降低成本、提高生产效率。

秸秆残茬处理技术：用大量秸秆残茬覆盖地表，将耕作减少到只要保证种子发芽即可，并主要用农药来控制条草和病虫害。其突出特点是保水、保肥、保土。可减少径流 60%左右，减少水分蒸发 11%，并且提高水分利用率 17%左右。

杂草及病虫害控制技术：实施保护性耕作后的土壤环境变化，一般会导致草虫病害的增加。因此，能否成功地控制草虫病害，往往成为保护性耕作能否成功的关键。杂草通过喷除草剂、机械或人工等方式除灭，病虫害主要靠农药拌种预防，发现虫害后喷洒杀虫剂。

土壤深松技术：深松技术是一种新型的土壤耕作方法，是实施保护性耕作的一项重要技术措施。其特点是：不翻转土壤、不破坏土壤层结构、提高土壤含水量、降低土壤容重、使土壤疏松，达到有利于作物根系生长，作物增产、增收的目的。深松一般每 2～3 年进行一次，深松机械有全方位深松机和翼形铲深松机等，作业深度为 25～35cm。

根据不同类型区的基本情况、存在问题，保护性耕作的任务与特点不尽相同。因此，需要根据不同类型区的任务和特点，因地制宜地建立保护性耕作技术体系。

2）南方丘陵旱地的少耕和免耕

少耕覆盖耕法：这是一种类似免耕的耕法，适宜南方丘陵坡地。主要是针对该类地区旱地贫瘠、干旱和水土流失等问题而采取的耕作方式。具体做法为：在玉米收获后不翻耕整地直接播种，玉米出苗后 20～30d 铲草皮 1 次，同时每公顷用作物秸秆 12000～15000kg 覆盖地面，或在玉米行间种植肥田萝卜或一年生草木樨等作为覆盖物，直至收获不再中耕培土。与北方平原地区的秸秆覆盖免耕有所不同，开沟较宽较深，沟内土壤深厚、细碎、松软，出苗后经过一次铲地再覆盖秸秆。秸秆覆盖免耕在坡地上应用，形成带状的虚实间隔层，有利于拦蓄雨水，遇到暴雨，保持水土效果更佳。少耕覆盖耕法由于相对降低了土壤的通气性和好气微生物活动，减缓了有机质的分解速度。同时，水土流失减少，土壤有机质积累也会相应增加。

3）南方水田的少耕

南方地区气候温暖，雨水充沛，土壤质地比较黏重，雨天易形成泥泞或渍涝，雨后则干燥板结、僵硬，所以人们常采用精耕细作来夺取作物高产期，实行水稻多熟复种，沿袭传统的一套土壤耕作方法，使土壤黏结性加剧，且较高成本。因此，围绕水田，土壤耕作制度做了大量的研究工作，归纳主要有以下几种类型。

稻茬田的少耕。根据不同的播种方式又可分为以下几种形式。①旋耙少耕：水稻收割后用旋耕机旋耙 3～5 cm，打碎稻茬，松动表土，而后作埢、播种盖籽。这种方法播种质量好，能消灭部分田间杂草。但表土耕作必须在适耕含水量范围，过干过湿不能达到碎土目的，反而破坏土壤结构。所以在地下水位低、排水良好的地区或田块适宜推广应用；反之，则不易掌握适耕期。②条播少耕：又称板田条播。在水稻收割后，不翻耕、不灭茬。用板茬条播机直接在稻田上完成开沟、播种和覆土工序。待土壤墒情适宜时，再开纵横排水沟。这种方法有三个好处：一是有利于消灭田间杂草；二是可利用边际效应，改善水田中后期的通风透光条件，使个体群体协调生长，有利于防倒伏夺高产；三是花工少、工效高，有利于保证秋种进度和质量。现在条播少耕的主要问题是：条播机供应数量很少，不能满足生产要求，还不能同时进行化肥底肥，亟待改进。③点播少耕：在土壤宜耕期短、地下水位高的黏重土田块，水稻收割后，掌握土壤墒情，用小铲开穴点播。行距 17～20 cm，穴距 8～10 cm，每公顷 60 万～75 万穴，每穴播种 6～7 粒种子，每公顷保基本苗 300 万左右。这种方法虽然播种时花工较多，但质量好，产量高。有劳力条件的地区可以推广应用。

归纳起来，稻茬少耕具有以下优点：①确保农时季节，充分利用冬前光热资源。南方多熟地区播种季节都比较紧张，当前季稻排水不好或碰上多雨天气，土壤过湿无法犁耕时，不是延误农时，就是烂耕烂种。而少耕法可少受土壤耕性的制约，充分利用土壤原有土体结构和上层肥沃表土，适时早播三麦，有利早发、壮苗。②改善土壤结构，防止土壤板实。可避免烂耕破坏结构，又可减轻对土壤的压实，保持原有土体，提高土壤的通透性。少耕可以与沟渠配套，排水通畅，从而减轻湿害。③省工节能，降低成本。主要缺点是不能全层施肥，有机质分解慢，耕层中下层有效养分偏少，苗期生长好，抽穗后，容易出现早衰现象，杂草较多。应用时，必须配合相应的栽培技术措施。

生产中除稻茬少耕外，还有稻茬板田播种蚕豆、绿肥和撬窝移栽油菜等，也还有禾根豆、禾底薯等类型，采用相当普遍。

半干旱少耕法。半干旱少耕法又称"水田自然免耕法"，是以充分利用冬水田资源为目的，水田快速高产、一田多用，易控易调的新型耕法。本项技术的机理和技术要则概括为"四个连续"。①连续垄作，其实质在于改造水文，让毛管水代替自由重力水。因毛管水是土壤中唯一能够自由运行、通气导热，并带有大量有效养分的水分状态，毛管水控制耕层，就能适时适量满足作物对水分、养分的需要，因而也是高产肥力土壤的基本特征。②连续浸润，其实质是以水稳构，毛管水上升速度快，维持土壤结构的能力最强，只要底层水源充足，浸润表土的作用就不会停止，土壤就不会变干硬，其结果就没有必要通过常规的一些耕作措施来调整土壤松紧度。③连续植被，其实质是起着植物体覆盖的作用，保护结构不遭破坏。同时，强大根系有重新恢复土壤结构的能力，从而起到"生物代耕"的作用。④连续少耕，是指保持土壤具有完整的土体结构，使土壤保持畅通的毛管孔道，故而水分、养分、热量和空气可以自由传导至作物根部附近，进而满足地上部生长的需要，获得高产（李友军和付国占，2008）。

3. 旱坡耕地地力综合调控技术模式

针对广东省降雨时空不均而导致的水土养分流失和季节性干旱问题，利用水土流失生态防护技术、作物水肥一体化高效利用技术、高标准梯田与农田水利工程模式等构建旱坡耕地水土流失防控与水肥综合调控系统。

1）水土流失生态防护

营造速生丰产林是治理旱坡地水土流失的有效途径，在水土流失区布设植物措施时，逐步调整树种结构，加大速生丰产树种比例，进行集约化经营，能够快速增加地表植被覆盖物，调节当地小气候，改善土壤的水热条件，提高土壤肥力，从而提高土地利用率，促进生态系统的良性循环。

（1）速生林选择依据及南方常用速生林：选择造林树种，是以人工林营造的主要目的为依据的。速生丰产用材林对造林树种选择的要求：必须具备"速生、丰产、优质"的特性。速生就是在同一经营管理措施，同一立地条件下，比其他树种生长快，可以早成材；丰产就是在适宜的造林密度下，能在单位面积上获得较高的蓄积；优质就是树干通直、圆满、分枝细小、整枝性能良好，出材率高，材质坚韧，不易变形，干缩小，容易加工，耐腐抗蛀，用途广，经济价值高。总的原则是适地适树。使造林树种的生物学特性和造林立地条件相适应。南方常用速生丰产树种主要包括尾叶桉和马占相思等。尾叶桉属桃金娘科的高大乔木，原产于印度尼西亚东部地区，分布区气候炎热、湿润、夏雨型。尾叶桉属热带、亚热带树种，喜光、温湿、肥沃疏松土壤，能耐干旱、瘠薄，早期生长较快。另外，它还具有较强的萌芽更新能力，采伐或截干后能萌发新枝干，可进行萌芽更新 2～3 轮。马占相思属含羞草科的高大乔木，原产于澳大利亚，具有速生、固氮、适应性强的特性，特别喜欢湿润、向阳的酸性低丘，但比较不耐霜冻，一年生树高可达 2～3m，最高可超过 4 m，由于具有固氮作用，因此适宜在水土流失区种植。尾叶桉和马占相思等速生丰产树种由于具有生长快、适应性广等特性，因而作为解决我国南方面状流失区快速覆盖的首选树种，已广泛应用于立地条件相对较好的地区（许志阳，2002）。

（2）营造速生林技术要点。

幼林管抚技术： 幼林管抚技术主要指幼林期间松土除草、肥水管理及节痕控制等过程。及时松土除草是使幼林成活和迅速生长的一项基本措施。松土除草的作用在于疏松表土，切断表层与深层土壤毛细管联系，减少土壤水分蒸发，改善土壤的通气性、透水性和保水性，促进土壤微生物的活动，加速有机质的分解和转化，提高土壤的营养水平，以利于幼林的成活和生长。除草的目的是排除杂草、灌木与幼林对水、气、肥、热、光的竞争，避免草、灌对幼林形成危害。杂草生命力强，根系粗壮，盘根错节，不仅与幼林争夺水肥，阻碍林木根系发育，易使幼林遭病虫危害，有些杂草还能分泌有毒物质，影响幼林生长。一般造林第1~2年，每年松土除草2~3次；第3~4年，每年1~2次。松土除草在两个生长高峰期5~6月和8~9月即将来临之前进行为好。速生丰产林在生长过程中，要从土壤里吸收大量养分，如果土壤中养分不足，往往会成为限制林木生长的主要因子。因此，对林地施肥，尤其是对进入速生阶段的林分及土壤较瘠薄的林地施肥，是速生丰产林实行集约经营的重要措施。

林地施肥的主要作用是提高土壤肥力，改善林木营养状况，增加林木叶面积，提高生物量的积累和林木生长量，实现速生、丰产、优质。整枝是提高木材无节化程度的重要措施，根据加工工艺要求，可采用等高整枝或等径整枝。尤其等高整枝，既操作方便又对林木生长影响甚微，宜在生产中推广应用。

天牛等蛀干害虫易造成树干多孔，加强对天牛的预防是减少木材虫眼的重要手段。一是要加强抗虫能力强的优良树种（品种）引进、培育和应用；二是采用多树种（品种）造林。一旦发现天牛危害，应迅速防治，可采用甲胺膦或40%氧化乐果药棉注射。造林方式对树木枝下高、力枝和树冠的形成和分配具有较大影响，可通过萌蘖造林或采用大苗造林提高自然无节比例，从而降低整枝措施，萌蘖造林适用于以纤维材原料林的更新造林，大苗造林适用于新造林地。应用大苗造林时，应就近育苗，减少运输过程，保证苗木不受损伤，特别是不能有断梢等情况。

抚育间伐技术：

抚育间伐开始期的确定与树种、造林地立地条件、林分密度、林木生长状况、培育目标、数量成熟、工艺成熟等诸因子有关，怎样确定抚育开始期，应从以下几方面进行综合考虑。当林分中优势木的冠高比处于快接近1/3左右、连年生长量（胸径、断面积或材积）明显下降、30%以上的林木胸径小于林分平均直径时，即应进行第1次疏伐。抚育间伐的间隔期，是指相邻两次间伐所隔的年数。间隔期的长短主要取决于林分郁闭度增长的快慢。当林分间伐后，经过一定年限，林分郁闭度重新增大，使林木生长量又开始下降时，即应再次间伐。间伐结束期一般要在采伐前的一个龄级进行，这次间伐的目的是加大直径生长的总量。在集约经营中，还可结合施肥，以取得更好收益。

2）水肥一体化灌溉施肥技术

水肥一体化精准灌溉施肥技术是将灌溉与施肥融为一体进行精准灌溉施肥的农业新技术。该技术借助压力灌溉系统，将可溶性固体肥料或液体肥料配兑而成的肥液与灌溉水一起，均匀、准确地输送到作物根部土壤，并可按照作物生长需求，进行全生育期水分和养分定量、定时，按比例供应。实现水肥一体化精准灌溉施肥技术需要相应的供水、供肥、自动精准灌溉施肥、灌溉管网等设施，其关键核心装置是自动精准灌溉施肥设备。该设备可在现场编程或外接气象站的控制器控制，并通过实时监测 EC（电导率）/pH（酸碱度），由注肥器准确地把肥料养分注入灌溉主管网中，执行精确的灌溉施肥。

（1）自动精准灌溉施肥机组成及主要性能。自动精准灌溉施肥机由电机水泵、施肥装置、混合装置、过滤装置、EC/pH 检测监控反馈装置、压差恒定装置、自动控制系统组成。依据输入条件或土壤湿度、蒸发量、降水量和光照强度等传感器，全自动智能调节和控制灌溉施肥。在施肥过程中，可对灌溉施肥程序进行选择设定，并根据设定好的程序对灌区作物进行自动定时定量的灌溉和施肥；根据土壤湿度、降水、光照等因素，实现水肥的自动调节；通过 EC/pH 监测系统对灌区情况实时监测，并进行精确和比例均衡的施肥，实现真正的精确施肥。

施肥装置：由文丘里注肥器组成，包含电控阀、单向阀、调节器、吸液软管和管道管件。文丘里施肥器的核心部位是"文丘里管"，文丘里管为节流装置，其工作原理是液体流经缩小过流断面的喉部时流速加大，动态压力增加，静态压力减小，喉部产生负压，利用喉部处的负压吸取开敞式容器中的肥液。

过滤装置：肥料溶解性不好，因而肥液含有一些固体颗粒的杂质，需过滤出来。系统采用两级过滤装置，为碟片式或网式结构。肥液罐中未溶解的颗粒会沉积在罐体底部，在肥液入口处选用粗过滤器，进行第一次过滤；在灌溉主水管道中，固体颗粒会影响整个灌溉系统的工作，在肥液进入主水管道前，再进行一次过滤。

混肥装置：肥液在灌溉主管道中与水混合不均匀会降低检测系统的准确性，需设置混肥装置。混肥装置利用液体流动中遇到管道截面的突变时产生漩涡，且漩涡对液体有一定的混合作用的原理设计，安装在检测装置前，使肥液通过漩涡能够得到充分的混合，使 EC 值和 pH 将会更加准确、稳定。

（2）灌水总量、施肥量和肥液配比及肥液混合控制。灌水总量的控制：系统对灌水总量采用独立控制，由于主管道内灌溉水恒压流动，灌水总量与灌溉时间成正比，单片机通过控制阀门开关时长控制灌水总量。施肥量和肥液配比的控制：

施肥控制必须完成两种控制，即肥液配比控制和施肥量控制。采用时序控制的方式，即可较准确地控制施肥量和肥液配比。同样，由于主管道内灌溉水恒压流动，施肥量与灌溉时间成正比，通过控制时间来控制施肥量，也用控制阀门开关时长控制施肥量。肥液混合系统控制原理：由于控制系统的电磁阀仅有开关两种工作状态，又因为混合罐中的肥液混合具有在线性，因此肥液混合系统也具有实时、延迟和不确定等特性，系统的滞后和惯性极大，采用传递函数的原理很难确定，所以肥液混合系统采用模糊控制法。系统采用负反馈闭环控制原理来实现模糊控制。

（3）水肥一体化自动精准灌溉施肥设施技术主要优势：水肥一体化自动精准灌溉施肥设施技术应用最为广泛的是在滴灌施肥方面，通过采用膜下滴灌等形式，具有以下优势。水利用系数达到 0.95，高于我国《节水灌溉技术规范》中水利用系数 0.9 的规定，节水成效明显。肥液与灌溉水一起，均匀、准确地输送到作物根部土壤，减少肥料的挥发和流失，或营养过剩。经试验测算，精准滴灌施肥与传统技术施肥相比节肥 40%～50%。依托于先进的灌溉技术和设施，实现自动化精准灌溉施肥，两三个工人短时间就可操作完成几百亩作物的灌溉施肥，节约劳动力成本。肥料养分呈溶液状态，可以较快地渗入土壤，被作物根系吸收，促进作物产量提高和产品质量的改善；能够有效控制灌溉施肥量，可以避免化肥浇到深层土壤，造成土地和地下水的污染，避免土壤板结退化。

3）高标准梯田与农田水利工程模式

（1）雨水集蓄利用的工程技术。目前，丘陵区雨水集蓄的主要工程技术包括如下几个方面。

水平台地技术。在不大于 30°的山丘坡面上开挖水平台地，台地地埂高度一般为 30 cm，具体应根据其集水面积大小进行计算，以大雨时不致出现地表径流为原则。

营养穴技术。一般采用开挖深营养穴的措施，即在大于 30°以上的坡面上开挖深 50 cm，直径为 15～20 m 的穴，放上营养土，便于植物栽植、促进生长；营养穴的开挖大小、深浅应根据栽植的植物品种而定，植株较大、根深者，穴应大些，穴距一般为 30 cm，穴的排列以"品"字形为佳，以利于阻止地表径流。

鱼鳞坑技术：在石质或上层浅薄坡面，植物难以栽植和生长，可采用挖半圆形、半径 0.5～1.0 m、径口朝上、呈"品"字排列、沟边用沙或石围筑的鱼鳞坑。鱼鳞坑可聚集土壤和蓄积地表径流，便于栽植植物；坑的大小视地表土被情况而定，土薄时可挖大而深，土厚时可浅些。

丰产沟技术：在施肥耕翻好的田块，每 1 m 宽为一覆膜带，覆膜前将带内两侧的土壤垄聚到带中间，使其横断面成微弧形垄，将垄面土块拍碎整平，以利于覆膜后雨水从膜上流向两侧渗入土壤。起好的垄上覆膜，覆膜宽 65～70 cm。覆膜时在垄的两侧开挖压膜沟，压膜沟深 8～10 cm，沟壁垂直地平面，覆膜时使地膜紧贴沟内壁，舒展地膜后用土压实。

集流梯田技术：根据坡地水量平衡原理，建设集流梯田，其水平田面在降雨时不仅蓄纳本身的雨水，还可以拦蓄集流坡面的径流和泥沙，实现水肥不出田，全部就地蓄纳。

（2）缓坡旱地集流聚肥耕作措施。

横坡种植和等高种植：由于顺坡耕作比较省力省工，目前大多数农民仍然采用这种耕作方式，但顺坡耕作容易造成水土流失。顺坡种植的径流量与降水量基本呈直线正相关，且随着坡度的增加而增加。与顺坡耕种相比，横坡种植的作物茎干形成的篱笆墙对径流起阻滞作用，延迟了流量过程的峰现时间，减少了洪峰流量，降低了坡面汇流速度和径流蚀力。在坡地等高种植作物可以减轻雨水对山坡上土壤的冲刷，其侵蚀量仅为顺坡耕种的 1/8。

垄作、轮作和套种：垄作栽培技术可以增加地表面积，比平作增加 25%～30%，增大了对太阳辐射的吸收量，白天垄上温度比平作高 2～3℃，夜间垄作散热面积大，土壤湿度比平作低，增大了土温日较差，有利于作物生长；在雨水集中季节，利用垄台与垄沟间的位差，便于排水防涝；地势低洼地区，垄作可改善农田生态条件；垄作还因地面呈波状起伏，增加了阻力，能降低风速，减少风蚀；垄作在作物基部培土，能促进根生长，提高抗倒伏能力。在红壤坡地上进行轮作套种，可以降低不同坡度坡地（14°～26°）的径流，提高水土保持效果。

秸秆覆盖和少免耕：在坡地地表覆盖作物秸秆可以削弱雨滴对土壤的打击力，减轻降雨对地表结构的破坏，阻止地表结壳的形成，增加水分渗透率，改善和保持良好的土坡结构，减少水土流失。在黏质土上实施免耕秸秆覆盖全量还田，可以明显减少土壤径流量和侵蚀量，夏季和冬季径流量分别比传统耕作减少 114 cm 和 715 cm，侵蚀量分别减少 3712 t/hm² 和 2116 t/hm²。免耕（少耕）可以减少田间压实和破坏土壤结构，降低单位面积的能耗，减轻土壤团粒散碎和地表板结，提高土地的利用率。总之，保护性耕作可以有效地提高土壤的持水能力，减少田间水分的蒸发损失并节约整田用水。

（3）缓坡旱地集流聚肥生物措施。

等高植物篱：等高植物篱种植模式是山丘地区水土保持和生态建设的一种重要农林复合模式，即在坡地上沿等高线每隔一定距离密集种植生长速度快、萌生力强的灌木或灌化乔木，而在植物篱之间的种植带上种植农作物，通过对植物篱周期性刈割避免对相邻农作物遮光。与其他水土保持措施（如梯田）的投入相比，等高植物篱笆种植模式的投入较低。等高绿篱技术既能有效拦截径流泥沙，防止坡耕地水土流失，又能将农林两个系统融于一体，形成结构合理、功能互补的复合生态系统，已经被广泛应用于不宜修建石坎梯田的山区、侵蚀严重的丘陵地及土地资源相对缺乏的农林交错区。例如，在坡耕地上等高种植新银合欢和山毛豆植物篱，正常耕作 3～6 年后，一年可生产 5～15 t/hm² 的优质绿肥，作物带的土壤有机质增加 20%～40%，土壤全氮增加 80%～130%，作物将普遍增产 30%～60%，植物篱模式的投入产出比是传统模式的 1.25 倍。

梯壁植草技术： 丘陵坡地建立梯田系统后，实施梯壁植草措施蓄水保土效益显著，可使年均土壤侵蚀量减少 9 倍以上，地表径流率减少 3 倍。生态社会效益明显，能改善区域小气候，使地表温度日均下降 0.5℃，空气相对湿度日均提高 4%。此外，可以刈割部分青草用作绿肥。

缓坡旱地经济作物精准平衡施肥综合技术。

a. 大豆施肥技术。① 需肥特性：每生产 100 kg 大豆种子，约需吸收氮 6.5 kg、五氧化二磷 1.5 kg、氧化钾 3.2 kg，三者比例大致为 4∶1∶2。大豆需要较多的硼、锌、钼、锰等微量元素。开花至鼓粒期是大豆生长过程中吸收养分最多的时期。② 施肥技术：大豆通过根瘤菌固定氮，能供给大豆的氮占大豆需氮总量的 50%～60%。红壤旱地高产大豆一般应在施足 30 t/hm² 有机肥的基础上，再施氮 45～75 kg/hm²、五氧化二磷 30～45 kg/hm²、氧化钾 45～60 kg/hm²，同时补施适量的硼、钼等微量元素肥料。有机肥、磷肥全部作底肥，氮肥和钾肥一般 50%作基肥、50%作追肥，追肥一般在开花前或初花期追施。微量元素肥料一般浸种、拌种或叶面喷施。

b. 红薯施肥技术。① 需肥特性：红薯生长过程中需要钾素最多，其次是氮素，再次是磷素，并需要较多的钙、镁、硫、锌等元素。一般每生产 1000 kg 鲜薯，需吸收氮 3.93 kg、五氧化二磷 1.07 kg、氧化钾 6.2 kg，三者比例大致为 4∶1∶6。不同时期对三要素的吸收比例不同，氮以茎叶生长期较多，磷、钾的吸收量以薯块膨大期最多。② 施肥技术：一般产量达到 37.5 t/hm² 左右，需要施氮 150～180 kg/hm²、五氧化二磷 75～90 kg/hm²、氧化钾 240～300 kg/hm²，并需要补充适量的硼、锌等微量元素。在保证总施肥量的前提下，要注意施用有机肥，一般有机肥供氮量不能低于总氮用量的 25%。施肥方法上，有机肥和磷肥全部作底肥。氮肥一般 50%～80%作基肥，追肥分两次施，一次在分枝结薯期，占总追肥量的 60%；另一次是膨大期，占总追肥量 40%。钾肥一般 30%～40%做基肥，追肥也分别在分枝结薯期和膨大期作两次施用，分别占总追肥量的 30%和 70%。

c. 玉米施肥技术。① 需肥特性：每生产 100 kg 玉米籽粒，春玉米需要吸收氮 3.5～4.5 kg、五氧化二磷 1.2～1.4 kg、氧化钾 5～6 kg，三要素比例约为 3∶1∶4。玉米的前期吸肥量都很少，拔节后迅速增加。一般春玉米前期（拔节前）、中期（拔节至抽穗开花期）、后期（抽穗后）氮的吸收为 2.2%、51.2%、46.6%；

磷的吸收比例分别为 1.1%、63.9%、35.0%；钾的吸收前期很少，拔节后迅速增加，在开花期达到高峰。玉米对缺硼和缺锌敏感。② 施肥技术：玉米籽粒产量达到 7500 kg/hm^2 以上，一般需在施用有机肥 22.5 t/hm^2 左右的基础上，再施化肥氮 150～180 kg/hm^2、五氧化二磷 60～75 kg/hm^2、氧化钾 225～270 kg/hm^2、硫酸锌 15 kg/hm^2、硼砂 7.5 kg/hm^2。有机肥、磷肥、微肥全部作底肥，氮肥一般 20% 作基肥、80% 作追肥，钾肥 35% 作基肥、65% 作追肥。追肥应重施穗肥（喇叭口），一般占总追肥量的 60% 左右，其次是拔节肥，一般占总追肥量的 30% 左右，苗肥一般占 10% 左右。基肥没施微肥的可用硼、锌肥浸种、拌种或叶面喷施。

　　4）旱坡耕地地力综合调控集成体系

　　在水土流失生态防护方面，利用绿肥作物、豆科牧草、药用植物等植物措施防护旱坡地水土养分流失。以农田作物生态多样性提升为出发点，利用旱坡地植物篱技术、梯田田埂的经济灌木防护技术、根际固氮菌和溶磷菌对水土保持禾草的联合促生技术等构建用养结合、经济可行的旱坡地植物生态防控体系。在水肥一体化高效利用方面，基于植物水肥吸收利用的耦合原理，结合丘陵区小型农田水利系统，建立丘陵旱坡地雨水资源与水肥高效利用体系。在高标准梯田与田间水利工程模式方面，结合华南丘陵区地貌气候特点和区域土地开发工作，利用新垦低产坡地的土地平整和坡改梯技术，以及与之相配套的小型雨水集流、储蓄和利用等小型农田水利系统，将降雨这一水土流失动力因子转换为保障旱坡地高产稳产的水资源，提高旱坡地的可持续发展能力。高产耕地旱坡地作物抗旱栽培、抗旱保墒耕作、管道节水灌溉、废水利用和土壤旱情检测等技术相结合，建立红壤旱作农业综合节水体系。

参 考 文 献

李海军, 朱冬梅. 2006. 钙肥施用技术. 河南科技, (16): 19-19.

李永红. 2002. 土传病害的综合防治方法. 蔬菜, (12): 28-28.

李友军 付国占. 2008. 保护性耕作理论与技术. 北京: 农业出版社.

刘爱民. 2007. 生物肥料应用基础. 南京: 东南大学出版社.

孙波. 2011. 红壤退化阻控与生态修复. 北京: 科学出版社.

许志阳. 2002. 水土流失区营造速生丰产林的技术要点. 珠江现代建设, (6): 32-33.

喻子牛. 2000. 微生物农药及其产业化. 北京: 科学出版社.

曾希柏. 2014. 耕地质量培育技术与模式. 北京: 农业出版社.

中华人民共和国农业部. 2013. 2013 年土壤有机质提升技术模式概要.

第五章　耕地环境质量提升技术及集成模式

第一节　退化耕地环境质量提升技术

一、耕地酸化改良技术

1. 碱性肥料及改良剂施用技术

大量施用化肥，特别是化学氮肥，除加速土壤酸化外，还加重了面源污染。因此，通过合理的养分投入管理制度，科学施肥，减少 NH_3 的挥发及硝化反硝化损失；适当减少氮投入，尤其是生理酸性肥料的施用；增施有机肥，尤其是增施呈中性或微碱性的土杂肥、厩肥、沼液、沼渣类有机物质，通过提高土壤缓冲容量，增强土壤对养分的保育能力，构造水稳性团粒结构等，提高土壤本身协调供氮能力。

1）石灰施用方法

石灰类为最常见中和土壤酸性的改良剂，合理施用石灰类改良剂是中和土壤酸性，特别是表土层的酸度；补充土壤钙含量，减少土壤对磷和钼的固定，促进有机氮、磷化合物的分解释放，消除过量铝、铁、锰等的毒害；增强土壤有益微生物活动，改善土壤物理性状，抑制与杀灭土传病发生与蔓延，提高土壤 pH 的重要措施。

常用的石灰种类有生石灰（CaO）、熟石灰[$Ca(OH)_2$]、石灰石和方解石粉（$CaCO_3$）、白云石粉[$CaMg(CO_3)_2$]等。不同石灰种类因所含成分和组分比例不同，对植物体营养吸收的影响也不尽相同，同时降酸作用强度也有差异。生石灰最强，熟石灰次之，然后是石灰石、方解石、白云石等一些矿物类石灰，但矿物类石灰的作用后效要长很多。施用过量的生石灰、熟石灰和碳酸钙粉末，容易造成土壤 pH 的跳跃增加，而矿物类石灰就不会出现这样的情况。另外，施用矿物类石灰还可以减少煅烧带来的环境污染，节约成本。

施用量确定：主要依据不同质地耕地土壤反应（pH 高低）确定石灰的施用量。一些有经验的技术人员和农民根据"四看"就能确定石灰用量：一看土质，黏土比砂土多施，黄壤比红壤多施，旱地比水田多施；二看作物，玉米可多施，马铃薯可少施，荞麦不施；三看气候，冷湿地区多施，燥热地区少施；四看石灰种类，

50 kg 生石灰相当于 70 kg 熟石灰或 90 kg 石灰石粉，石灰用量一般每亩施 50～75 kg 为宜。同时，石灰施用采用 5 年 1 个轮回的方法进行，即第 2、第 3 年施用量分别减至第 1 年的 75%、50%，第 4、第 5 年停止施用。

施用时期确定：为错开农忙和高温季节施用石灰，每年一次的石灰施用时期应根据不同种植制度灵活确定，以方便农民使用。①早稻-晚稻-冬闲耕作制度区。选择在冬季或早稻移栽前 1 个月左右将石灰均匀撒施水田内，随即翻耕或在早稻移栽前翻耕。②早稻-晚稻-油菜/绿肥耕作制度区。选择在油菜秆或绿肥翻耕前 2～3 d 将石灰均匀撒施水田内，随即翻耕移栽早稻。③油菜-中稻耕作制度区。选择在油菜收获后中稻移栽前 15 d 左右将石灰均匀撒施在水田内，随即翻耕或在中稻移栽前翻耕。④烤烟-晚稻耕作制度区。选择在冬季或在烤烟移栽前 1 个月左右将石灰均匀撒施水田内，随即翻耕。施用石灰时必须配合施用有机肥料和氮、磷、钾及微量元素，但不宜与腐熟人畜粪尿、铵态氮肥混存或混用，以免造成氮素损失。也不应与磷肥、硼肥等混用，以防有效性降低。

施用方式：少量石灰穴施不如大量石灰撒施好。因为石灰穴施会造成土壤局部石灰含量过高，加大土壤对磷的吸附固定。但撒施石灰又不如翻施石灰效果好，因为石灰的降酸作用会随着时间的推移而向深层土壤下移，撒施石灰要 15～17 年才能使深层土壤的酸度得到改良。而如果通过翻施石灰处理使根系着生的整个土壤剖面的酸度迅速降低，这样就更有利于作物根系的生长，特别是对于根系分布较浅的一年生 Al 敏感型作物来说，翻施石灰可以显著提高作物产量。传统耕作体系中施用石灰的增产效果比免耕体系中好。

注意事项：施用石灰应配合施用有机肥料和氮、磷、钾肥料。石灰不能和人粪尿、铵态氮混合施用，以免造成氮素的损失，同时也不能和磷肥混合施用。稻草还田，绿肥压青，应施适量的石灰，以加速稻草、绿肥的分解腐烂，同时中和其分解腐烂时产生的有机酸。在酸性土壤不论水田、旱地均可施用石灰。石灰可作基肥，也可作追肥。石灰要施得均匀，施后要与土壤混合，以免造成局部碱性过大。施用量应根据土壤酸度大小和作物生长发育的要求来决定（蔡东等，2010）。

2）生物炭施用技术

生物炭是指将生物质原料在限氧条件下经慢速热解得到的一种细粒度、多孔性的碳质材料。生物炭组分中含有大量碱性物质、表面具有丰富的氧官能团（如羟基、羧基等），将其添加到土壤中不仅可以显著提高土壤 pH，还可以提高土壤的阳离子交换量（cation exchange capacity，CEC），保持土壤养分、提高土壤肥力，促进植物的生长和增加作物的产量等。由于生物炭的主要成分为碳，并且一般具有比较高的 C/N，添加到土壤可以促进 N 的固定进而抑制土壤中氮的矿化。另外，生物炭表面大量的负电荷及巨大的比表面积可以吸附土壤中的 NH_4^+ 而影响土壤中氮素的转化。而 NH_4^+ 的硝化作用是土壤酸化的主要原因。因此，添加生物炭会影响土壤中的 N 转化，影响硝化过程的 H^+ 的释放，从而提高土壤值、改善土壤质量。

生物炭可以通过几种不同的热解方式而得到，并且所得生物炭的性质主要依赖于热解过程及相关原料的性质。生物炭的原料种类繁多，木屑、树皮、农业残留物（稻秆、坚果壳、稻壳）、工业生产残留的甘蔗渣和橄榄废物、鸡骨头、牛粪、污水污泥等都可以作为生物质原料来制备生物炭。生物质原料中纤维素、木质素和半纤维素含量的比例决定着热解产品中挥发碳（生物油和生物气）和稳定碳（生物炭）的比例，其中木质素含量高的原料在热解过程中能产生较高的生物碳含量。

猪粪生物炭制备及施用： 收集常用农业废弃物猪粪及水稻秸秆并风干至水分含量≤12%，猪粪磨碎至粒径约为 2mm，水稻秸秆切割至 5cm 长，放入生物质自动炭化装置中，于 500℃无氧条件下烧制，升温速率为 15℃/min，保持时间为 2 h，冷却至室温后研磨至过 1mm 孔径筛，从而分别得到猪粪生物炭和水稻秸秆生物炭。实际使用时，将制成的生物炭于 20cm 深度内的耕层中混合均匀；用量为每亩 1400～1600kg，然后按照农作物的常规种植方式进行施肥、移栽（种植）、灌溉等。

2. 耕作措施管理调控

合理选择氮肥品种： 铵态氮肥的施用是加速土壤酸化的重要原因。这是因为施入土壤中的铵离子通过硝化反应释放出氢离子。但不同品种的铵态氮肥对土壤酸化的影响程度不同，对土壤酸化作用最强的是 $(NH_4)_2SO_4$ 和 $(NH_4)H_2PO_4$，其次是 $(NH_4)_2HPO_4$，作用最弱的是尿素和硝酸铵。因此，对外源酸缓冲能力弱的土壤，应尽量选用对土壤酸化作用弱的铵态氮肥品种。

合理的水肥管理： 铵态氮的硝化及产生的 NO_3^- 随水淋失是加剧土壤酸化的重要原因。因此，通过合理的水肥管理，尽量减少 NO_3^- 的淋失，如选择合理的施肥时间，让施入土壤的肥料尽可能被植物吸收利用。另外，确定合理的氮肥用量，也可以减少氮肥损失，减缓土壤酸化，因为过量施用氮肥必然导致氮肥在土壤中的残留和淋失。在酸性土壤上多施有机肥，可在一定程度上改良土壤的理化性质，提高土壤生产力，还能减缓土壤酸化。合理管理农田土壤水分。在雨季，应加强田间排水，防止淹水和土壤淋溶；在旱季，应加强灌溉，促进作物的根系养分吸收，防止土壤硝酸根过度积累和土壤 pH 迅速降低。

合理选择作物品种： 豆科植物生长过程中，其根系会从土壤中吸收大量无机阳离子，导致对阴阳离子吸收的不平衡，为保持体内的电荷平衡，它会通过根系向土壤中释放质子，加速土壤酸化。豆科植物的固氮作用增加了土壤的有机氮水平，有机氮的矿化及随后的硝化也是加速土壤酸化的原因。因此，对酸缓冲能力弱、具有潜在酸化趋势的土壤，应尽量减少豆科植物的种植。种植耐酸性的作物，如油菜、水稻、茶、桑、果树等，选育耐酸作物品种是防治土壤酸害的一种重要途径，对这些酸性土壤进行合理利用，不会由于土壤呈酸性，而使作物的产量大幅度下降，还可以减轻酸害，对改良酸性土壤有一定的作用。最后，作物的间作或轮作能有效地缓解土壤的酸化。例如，豆科作物在吸收养分时会通过根系向土壤中释放氢离子，加速土壤酸化，而与禾本科作物间作或轮作会有效缓解这一现象。合理安排种植制度，能够在一定程度上缓解土壤酸化（王宁等，2007）。

二、盐碱化耕地改良技术

1. 盐碱地改良剂施用技术

1）脱硫副产物

脱硫副产物主要为工业脱硫过程产生的固体废弃物，一般呈中性或略偏碱性。其使用原理为，正常的土壤胶体表面一般被二价的钙离子所饱和，当有外源碱性钠盐特别是碳酸钠进入土体时，钠离子容易被土壤胶体吸附而置换出钙离子。钙离子沉淀形成难溶性的碳酸钙，随着钠离子大量进入，土壤胶体逐渐被钠离子所饱和而发生土壤碱化。因而，碱化土壤改良就是要置换出土壤胶体上交换性钠离子。钙盐物如氯化钙、矿物石膏、石灰石等是碱化土壤改良常用的无机改良剂。其改良原理就是利用 Ca^{2+} 比 Na^+ 对土壤中胶体粒的吸附能力强的特性，通过提高土壤溶液中 Ca^{2+} 浓度，使 Ca^{2+} 与吸附在土壤胶体上的 Na^+ 发生离子交换，并将置换钠离子通过水的淋洗排出土体，同时，Ca^{2+} 能够结合土壤中的 HCO_3^- 和 CO_3^{2-}，从而降低土壤的总碱度。因此，脱硫副产物可以极大地降低土壤中的 pH、ESP 和代换性 Na^+ 数量，提高粮食作物的出苗率和产量。施用磷石膏改良盐碱土并配合深灌水和淋盐措施，改土效果显著；若再将深翻和施肥措施相结合，则改土效果更为明显。目前，生产高浓度磷肥的副产物磷石膏、柠檬酸厂排的柠檬酸渣、除硫装置新工艺中的副产物脱硫石膏及生产沼气后的残余物沼渣、沼液等都在改良碱土有显著效果。

施用技术规程：

（1）脱硫废弃物改良重度碱化土壤种植水稻施用技术规程。

施用量：18t/亩。

施用时期：秋施或播前犁地施用，推荐秋施。

施用深度：深施（25mm）。

施用方法：撒施后犁翻全层混合（25cm）。

适用条件：碱化度>30.0%，总碱度 0.8～1.2cmol/kg，pH>9.0，全盐 3.0～6.5g/kg。

（2）脱硫废弃物改良轻碱化盐化土壤施用技术规程。

施用量：0.2～0.4t/亩。

施用时期：秋施或播种前施用，推荐秋施。

施用深度：深施（25mm）或浅施（10cm），推荐深施。

施用方法：撒施后犁翻或旋耕全层混合（25cm）。

适用条件：全盐 6.0～10.0g/kg，碱化度 5.0%～15.0%，总碱度 0.24～0.63 cmol/kg，pH 8.5～9.0。

2）营养性酸性土壤改良剂

营养性酸性物质是另一种常用的盐碱土改良剂，主要有黑矾、风化煤和糠醛渣等。黑矾含 $Fe_2SO_4 \cdot 7H_2O$ 为 22%～55%，pH 为 0.7～2.5，黑矾的改良作用主要是利用其酸性中和土壤的碱度，并溶解土壤中的碳酸钙，使钙离子交换胶体表面的钠离子，降低碱化度，从而改善土壤的理化性状。另外，也可能由 Fe^{2+} 离子直接交换钠离子。风化煤的钙、镁结合量低，多呈酸性反应，pH 为 3～4，且具有较大的总表面积，具有强大的缓冲能力，能够有效改善土壤结构状况，降低土壤碱度。糠醛渣是由玉米芯用硫酸处理经加工蒸馏出糠醛后剩下的废渣，是一种强酸性有机物质，pH 为 1.8～2.0。可中和土壤的碱性，具有较强的离子交换性能，表面吸附性能及凝聚胶溶作用，同时可增加土壤养分。

2. 农艺及水利工程调控技术

改良盐碱地的物理手段主要有平田整地、合理耕作、消灭盐斑、铲除表土等。有的土壤区域微地形差异很大，需因地制宜地划小畦块，逐一平整，平整时尽量保持熟化层不乱，先刮去盐结皮，再行平整；深耕晒垡，深耕既有利于疏松表层，又可翻压盐碱，改变盐分在土壤剖面中的分布状况。客土改良主要是在重碱斑地块，将碱斑地挖深，用客黑土回填。深层秸秆结合表层秸秆覆盖可以抑制盐分在土壤表层聚积，减轻土壤盐分对作物生长的胁迫，降低土壤耕层的返盐，保证作物正常生长。铺沙压碱是改良盐碱地的一种主要手段，沙掺入盐碱地后，改变了土壤结构，促进了团粒结构的形成，使土壤空隙度增大、通透性增强，进而使得盐碱土水盐运动规律发生了改变，在雨水的作用下，盐分从表层土淋溶到深层土中，由于团粒结构增强，土壤的保水、储水能力增加，此外还可减少土壤水分的蒸发，抑制深层的盐分向上运动，使表土层的碱化度降低，因而起到了压碱的作用。同时，海涂土壤局部范围内的平整也是海涂土壤改良的一项重要措施，主要海涂土壤 1 m 厚土体中的盐分含量受微地形的影响较大，几厘米的高差就可导致 1 m 土体中盐分含量存在明显差异，使微小区域内海涂土壤土体脱盐不均，影响海涂土壤的综合改良。

建设水利工程设施，以改善用水方法、管水方法、淋洗排盐、加强排水、调控地下水位来达到改良盐碱地的目的。例如，灌溉系统的合理规划设计，灌溉制度、灌溉方法的改进，排水系统的优化设计（明沟、暗管、竖井等），排水沟的深度和间距的合理确定，井型结构、井的布局的正确选择，冲洗的方法、程序和冲洗定额的科学确定，等等，这些既是改良盐渍土的基础工作，又是除盐防渍不可缺少的措施。水利土壤改良措施的正确确定和落实，直接关系盐渍土的改良效果。

3. 生物调控技术

1）盐生植物

盐生植物是指一类具有较强抗盐（抗碱）能力，能够在高盐（高碱性）生境中生长并完成生活史的植物总称。我国的盐生植物种类达 500 余种。碱蓬、白刺和滨藜等植物具有很强的耐盐能力，它们在生长过程中能够积累大量盐分，从而能够减少土壤中盐分含量，达到降盐、改土的作用。这种生物改良方式比其他改良措施经济有效，具有广阔的应用前景。选择耐盐性强的树种是盐碱地造林获得成功的重要因素。盐碱地中种植牧草，不但可以疏松土壤，减少土壤表面的水分蒸发，降低土壤表面积盐，而且牧草枯草腐烂后产生的有机酸和 CO_2 能起到中和改碱的作用。有机酸还可促进石灰质成土母质的溶解，促进土壤的生成。此外，用克隆技术筛选耐海水、抗盐的蔬菜，分离和克隆植物耐盐基因等方面成果也很显著。

利用盐土植物及作物自身，通过根系分泌物改善根际微环境来适应逆境的机制，通过生物络合、置换反应，清除土壤团粒上多余的 Na^+，活化盐碱土壤中难利用的 P^{5+}、Fe^{2+}、Ca^{2+}、Mg^{2+} 等离子及微量元素，使其转变为可利用状态被植物吸收，解除植物生理缺素症状。同时通过 Na^+ 降低，活化 Ca^{2+}、Mg^{2+} 等离子之后，可使土壤水传导能（HC）增高，土壤水分更易流动，从而改善作物根系环境，促进根系生长，保证作物苗齐、苗壮，使植物能够在盐碱地上生长并提高产量；适用于受盐碱侵害的农田和新开垦土地，有机生化高分子络合土壤中成盐离子，随灌溉水将盐分带到土壤深处，降碱脱盐，解除盐分对作物的危害。由于是从植物根系分泌物中提取的产物，对人、畜、作物、土壤安全无害。

2）耐盐联合固氮菌

主要耐盐固氮菌为根瘤菌、固氮克氏杆菌、巴西固氮螺菌与固氮粪产碱菌。耐盐固氮微生物能在盐渍化程度"中"或"重"级土壤中充当先驱微生物的作用，通过固氮作用及自身繁殖培肥土壤，逐步改良盐碱荒地。固氮微生物作为接种剂或生物肥料能发挥节肥增产、保护生态和改良环境等综合效益。但是，在有机质贫瘠的盐渍化土壤上使用过程中，筛选得到的野生型联合固氮菌常无法获得充足的碳源供生长和固氮所需，在根表竞争优势也不十分明显，固氮效率及接种增产效果不稳定，从而难以发挥高效联合固氮作用。而目前采用分子遗传学手段，对野生型菌株进行定向遗传改造，是克服野生型菌株上述弱点的重要途径，即通过人工定向的遗传重组，使野生型微生物获得某个全新的优良性状或同时具备两个以上的新性状，如耐铵能力、高效碳利用能力和根表定植能力等。同时，在施用过程中可选择富含有机成分的载体生产粉剂固氮菌肥，有机载体微粒在盐碱环境中为所吸附的固氮菌提供了良好的固氮和生长的微生态环境，通过固氮菌的生命活动，如分泌有机物、死亡菌体的分解等使载体微粒周围盐碱土壤的有机成分增加，盐碱度降低，进而达到改良盐碱地的目的（周和平等，2007）。

第二节　污染耕地环境修复及安全利用技术

一、污染耕地的阻控修复技术

1. 灌溉水的源头净化技术

灌溉水处理净化方法大致可以分为化学法、物理处理法、生物处理法三大类。其中物理化学方法主要包括沉淀法、溶剂萃取分离法、离子交换法、膜分离法和吸附法；生物处理法包括生物吸附法、生物絮凝法和植物修复法。

1）物理化学吸附沉淀分离技术

化学沉淀法：原理是通过化学反应使废水中呈溶解状态的重金属转变为不溶于水的重金属化合物，通过过滤和分离使沉淀物从水溶液中去除，包括中和沉淀法、硫化物沉淀法、铁氧体共沉淀法。受沉淀剂和环境条件的影响，沉淀法往往出水浓度达不到要求，需作进一步处理，产生的沉淀物必须很好地处理与处置，否则会造成二次污染。

溶剂萃取分离法：溶剂萃取法是分离和净化物质常用的方法。由于液液接触，可连续操作，分离效果较好。这种方法要使用有较高选择性的萃取剂，废水中重金属一般以阳离子或阴离子形式存在，例如在酸性条件下，与萃取剂发生络合反应，从水相被萃取到有机相，然后在碱性条件下被反萃取到水相，使溶剂再生以循环利用。这就要求在萃取操作时注意选择水相酸度。尽管萃取法有较大优越性，但溶剂在萃取过程中的流失和再生过程中能源消耗大，使这种方法存在一定的局限性。

离子交换法：离子交换法是重金属离子与离子交换剂进行交换，达到去除废水中重金属离子的方法。常用的离子交换剂有阳离子交换树脂、阴离子交换树脂、螯合树脂等。几年来，随着离子交换剂的不断涌现，在电镀废水深度处理、高价金属盐类的回收等方面，离子交换法越来越展现出其优势。离子交换法是一种重要的电镀废水治理方法，处理容量大，出水水质好，可回收重金属资源，对环境无二次污染，但离子交换剂易氧化失效，再生频繁，操作费用高。

膜分离法：膜分离技术是利用一种特殊的半透膜，在外界压力的作用下，不改变溶液中化学形态的基础上，将溶剂和溶质进行分离或浓缩的方法，包括电渗析和隔膜电解。电渗析是在直流电场作用下，利用阴阳离子交换膜对溶液阴阳离子选择透过性使水溶液中重金属离子与水分离的一种物理化学过程。隔膜电解是以膜隔开电解装置的阳极和阴极而进行电解的方法，实际上是把电渗析与电解组合起来的一种方法。上述方法在运行中都遇到了电极极化、结垢和腐蚀等问题。

物理吸附法：吸附法是利用多孔性固态物质吸附去除水中重金属离子的一种有效方法。吸附法的关键技术是吸附剂的选择，传统吸附剂是活性炭。活性炭有很强吸附能力，去除率高，但活性炭再生效率低，处理水质很难达到回用要求，价格贵，应用受到限制。近年来，壳聚糖及其衍生物为重金属离子的良好吸附剂，壳聚糖树脂交联后，可重复使用 10 次，吸附容量没有明显降低。改性的海泡石、蒙脱石也是一种性能良好的吸附剂，对重金属废水中 Pb^{2+}、Hg^{2+}、Cd^{2+} 有很好的吸附能力，铝锆柱撑蒙脱石在酸性条件下对 Cr^{6+} 的去除率能高达 99%。

2）生物处理技术

生物吸附法：生物吸附法是指生物体借助化学作用吸附金属离子的方法。藻类和微生物菌体对重金属有很好的吸附作用，并且具有成本低、选择性好、吸附量大、浓度适用范围广等优点，是一种比较经济的吸附剂。例如假单胞菌的菌胶团后，将其固定在细粒磁铁矿上来吸附工业废水中 Cu，发现当浓度高至 100 mg／L 时，除去率可达 96%，用酸解吸，可以回收 95%铜，预处理可以增加吸附容量。但生物吸附法也存在一些不足，例如吸附容量易受环境因素的影响，微生物对重金属的吸附具有选择性，而重金属废水常含有多种有害重金属，影响微生物的作用，应用上受限制等，所以还需进一步研究。

生物絮凝法：生物絮凝法是利用微生物或微生物产生的代谢物进行絮凝沉淀的一种除污方法。生物絮凝法的开发虽然不到 20 年，却已经发现有 17 种以上的微生物具有较好的絮凝功能，如霉菌、细菌、放线菌和酵母菌等，并且大多数微生物可以用来处理重金属。生物絮凝法具有安全无毒、絮凝效率高、絮凝物易于分离等优点，有广阔的发展前景（张玉刚等，2008）。

植物修复法：植物修复法是指利用高等植物通过吸收、沉淀、富集等作用降低已有污染的地表水的重金属含量，以达到治理污染、修复环境的目的。利用植物处理重金属，主要有三部分组成：①利用金属积累植物或超积累植物从废水中吸取、沉淀或富集有毒金属；②利用金属积累植物或超积累植物降低有毒金属活性，从而减少重金属被淋滤到地下或通过空气载体扩散；③利用金属积累植物或超积累植物将土壤中或水中的重金属萃取出来，富集并输送到植物根部收割部分和植物地上枝条部分。通过收获或移去已积累和富集了重金属植物的枝条，降低土壤或水体中的重金属浓度。在植物修复技术中能利用的植物有藻类植物、草本植物、木本植物等。藻类净化重金属废水的能力主要表现在对重金属具有很强的吸附力。褐藻对 Au 的吸收量达 400 mg/g，在一定条件下绿藻对 Cu、Pb、La、Cd、Hg 等重金属离子的去除率达 80%～90%。

2. 污染物隔离技术

1）客土技术

客土法根据被污染土壤的污染程度，将适量清洁土壤添加到被污染的土壤中，降低土壤中污染物含量或减少污染物与植物根系的接触，从而达到减轻危害的目的。在选择客土时，应考虑客土与被污染土壤理化性质等因素，避免添加的客土改变土壤环境而引起原土壤中污染物活性增强的现象。该方法具有见效快、效果好的优点。缺点是耗费大量的人力、物力和财力，修复成本高，换下来的表层土存在二次污染的环境风险，深耕后的污染土不能彻底清除等，所以仅适用于污染物含量不高、取土方便的地区。换土法是将污染土壤移去，换上未被污染的新土。

2）生物隔离技术

生物隔离技术主要通过植物的稳定作用及根系过滤作用来实现。植物稳定作用即通过耐性植物根系分泌物质来积累和沉淀根际圈污染物质，使其失去生物有效性，以减少污染物质的毒害作用，能起到这种作用之一的植物通常叫做固化植物。固化植物对重金属的耐性较强，对重金属的积累能力较差。更为重要的是通过固化植物在污染场地的生长，对污染物起稳定作用，能防止污染物向周围环境扩散，造成二次污染。目前这方面的工作主要应用于重金属含量很高的土壤，如废弃矿山的复垦、尾矿区的植被重建等。根际过滤作用即利用植物根系的吸收和吸附作用从含有重金属的土壤水溶液等流动介质中去除重金属等污染物，防止含有重金属的污水进入周边土壤或者渗入土壤下的地下水中。固化植物最主要的特性就是对重金属的耐受性。由于其大多应用在废弃矿山、尾矿区中，因此也被叫做先锋植物。目前被筛选出来的先锋植物很多，如糖蜜草、毛苕子、芦草、类芦、菊叶薯蓣和相思等。通过此类的高耐性重金属先锋植物和能源植物，可以建立高毒性污染土壤中禾本科、豆科和乔木的立体组合植被恢复模式，构建地表生物隔离层以控制矿渣流失。

3. 污染物移除技术

1）化学淋洗技术

化学淋洗技术是用具有重金属水溶性的提取液对被污染土壤进行淋洗，土壤中的重金属污染物与提取液发生溶解、乳化和化学作用，形成溶解性的重金属离子或金属-试剂络合物，然后对淋洗液进行处理，将溶于其中的重金属分离出来，从而达到去除重金属的目的，提取液可循环使用。该技术的关键是找到合适的提取剂，淋洗剂应满足以下条件：一是对土壤理化性质破坏性不强；二是必须价格经济且具有实用性；三是对土壤中的重金属有很强的溶解能力；四是淋洗剂和重金属的结合体易于分离可以往复利用，且不对环境造成二次污染。这种方法具有去除效率高、见效快的优点，但在淋洗过程中，土壤中的氮、磷、钾及有机质等也溶解于提取液中，随重金属污染物一起被提取液带离土壤，使土壤肥力降低。该技术的重点在于淋洗液的选取，需要满足既能有效淋洗重金属，又不破坏土壤结构等要求。此外，在淋洗过程中，若提取液处置不当，容易造成地表水污染。

目前常见的淋洗剂有人工合成的络/螯合剂，如 EDTA、DTPA、EDDHA、EHPG、GLDA 等；小分子酸，如富里酸、柠檬酸、草酸、吡啶甲酸等；部分有机物质，如猪粪/秸秆堆肥，生物质碳、水处理污泥等。修复过程中，考虑不同淋洗剂对不同浓度程度的修复效率、土壤中各种离子的协同拮抗作用、对土壤结构及肥力的影响，以及土壤污染浓度、污染物类型特征、淋洗剂的类型、土壤肥力各个影响因素，选择合适的淋洗剂和淋洗方式。

2）超富集植物技术

自然界中有部分植物对某一种或几种重金属元素具有超富集能力，能将土壤中的重金属元素通过植物的根系转移到茎、叶、果实中，从而降低土壤中重金属污染物的含量。另外，可以通过在土壤中添加一些化学试剂，强化植物根系对土壤重金属污染物的吸收。此方法属于原位修复法，具有处理费用低、对环境破坏小等优点，但修复周期长，且不适用于修复重金属污染程度较高的土壤。

目前，关于超积累植物的衡量标准包括三个特征：其一是具有临界含量特征，广泛采用的参考值是植物茎或叶中重金属的临界含量 Zn 和 Mn，为 10000 mg/kg；Pb、Cu、Ni 和 Co 为 1000 mg/kg；Au 为 1 mg/kg；Cd 为 100 mg/kg。其二是具有转移特性，植物体地上部（主要指茎和叶）重金属含量大于其根部含量。其三是超富集植物具有耐性特征和富集系数特征。目前发现的超富集植物很多，针对的重金属元素也不尽相同，如有对镉处理效果较好的龙葵和宝山堇菜、对砷处理效果较好的蜈蚣草、对锌处理效果较好的东南景天等（蒋成爱等，2009）。

现阶段超富集植物技术仍然存在不足之处。首先，现在已经发现的大部分超富集植物植株矮小，生物量低，生长缓慢，而且生长周期长。其次，由于污染土壤往往是多种重金属复合污染，甚至无机-有机污染物复合污染的土壤，对超富集植物的耐受性是很大挑战。再者，大多超富集植物植株矮小，根系很浅，只能对浅层污染土壤进行处理。最后，植物往往会通过落叶等途径使重金属重新进入土壤中。

4. 重金属固定/稳定化技术

土壤中重金属的稳定化技术分为两类：其一是固定化技术；其二为稳定化技术。通常施用具有吸附、沉淀或者络合重金属的调理剂来实现。添加调理剂虽然不能去除土壤中的重金属，却能在一定时期内不同程度地固定土壤重金属，抑制其危害。土壤调理剂可以分为无机和有机两类。

1）无机钝化剂

无机钝化技术的可选材料有很多，包括磷酸盐类（羟基磷灰石、磷矿粉、磷酸、磷肥和骨炭等）、硅酸盐类（膨润土、蒙脱石、海泡石、钾长石、凹凸棒土、麦饭石和沸石等）、碳酸盐类（石灰、粉煤灰、石膏和白云石等）、金属及金属氧化物（零价铁、氢氧化铁、硫酸铁、针铁矿、水合氧化锰、锰钾矿、氢氧化铝、赤泥等），还有一些化学试剂等（黄蔼霞等，2012）。

磷酸盐类：用于修复重金属污染土壤的磷化合物种类多样，既有水溶性的磷酸二氢钾、磷酸二氢钙及三元过磷酸钙、磷酸氢二铵、磷酸氢二钠、磷酸等，也有水难溶性的羟基磷灰石、磷矿石等。磷酸盐类物质钝化重金属的机理主要有：①磷酸盐表面直接吸附重金属；②磷酸根与重金属生成沉淀；③磷灰石表面与重金属的离子交换反应；④磷酸根诱导重金属形成沉淀。需要注意的是磷酸盐施用比例，磷酸盐的加入量对难溶性磷酸盐如磷矿石为 P/M（磷与重金属的摩尔比）= 3/5，对水溶性磷酸盐如磷酸氢二铵为 P/M = 1/15，此时修复重金属效果最好。然而，按照这种比例的施用量往往远大于正常农业生产磷肥的施用量，且过量的溶解性磷可能向地表或地下迁移，有造成地表水体富营养化和地下水污染的风险，高浓度磷还会增加土壤硒、砷的浸出，增加其移动性；过量磷还会造成作物营养缺乏。

硅酸盐类：硅酸盐黏土矿物在重金属污染土壤中具有超强的自净能力，且具有丰富、价格低廉、较高的比表面积、良好的化学机械稳定性、特殊的晶层结构、良好的环境兼容性等优点，近年来受到国内外学者的重视，开展了大量将其应用于重金属污染土壤修复的研究。常见的硅酸盐材料主要有高岭石、蒙脱石、海泡石等黏土矿物。修复机理主要为：①形成重金属沉淀 $Si-O-Pb$、Pb_3SiO_5、Pb_2SiO_4 等；②吸附和配合作用；③火山灰反应降低重金属移动性；④通过增加生物量积累，提高叶绿素含量，激发抗氧化酶的活性。

就黏土矿物而言，2：1 型的黏土矿物相对 1：1 型的黏土矿物对重金属离子的吸附性更强，但单位比表面积的大小顺序是：$CaCO_3$>石英>水云母>高岭土>蒙脱石。蒙脱石对铬、铜、镉有很好的选择性，而高岭石和伊利石则对铬和铅有较好的亲和力。

由于天然的黏土矿物在应用上仍然存在一些缺陷，如低的负荷能力、相对较小的金属络合平衡常数、对金属离子低的选择性等。因此，在使用之前一般要经过改性，以提高其性能。用来处理重金属离子黏土矿物的改性方法很多，如加热、酸处理、有机改性、聚合物插入层间等，但大多用于水处理方面，用于污染土壤修复方面的较少。

另外，硅钙物质、硅肥也被用作土壤调理剂，钝化土壤中的重金属。硅肥能有效降低植物对 Cr、Cd、Hg、Mn 等重金属的吸收毒害。

碳酸盐类：碳酸盐类最初用作改良土壤酸化，随着重金属污染的加剧，其也成了降低土壤重金属生物有效性的有效手段。石灰最为常见的材料可以有效钝化土壤中的重金属。其主要固定机理是：①吸附作用及离子交换作用；②重金属离子生成氢氧化物或碳酸盐沉淀；③钙铝离子等金属离子之间存在的离子拮抗作用。

石灰类高碱性物质作为重金属钝化剂特别适用于南方酸性土壤。但是长期利用石灰进行污染土壤修复时，石灰大量施用会引起土壤过度石灰化，致使土壤中重金属离子浓度升高，导致作物减产。另外值得注意的是施加碳酸钙，pH 大于 7时，容易使 Cr（Ⅲ）氧化到 Cr（Ⅵ），增加了铬的移动性和植物有效性。

金属及金属氧化物：氢氧化物、水合氧化物和羟基氧化物是土壤中含量较低的天然组分之一，它们主要以晶体态、胶膜态等形式存在，粒径小、溶解度低，在土壤化学过程中扮演着重要作用。金属氧化物通过表面吸附、共沉淀途径完成对土壤重金属的钝化固定。土壤中有机、无机配位体（胡敏酸、富里酸、磷酸盐）及与重金属的复合反应影响着其在氧化物表面的吸附。当有机配体与重金属形成难溶复合物时，促进了氧化物对重金属的吸附，当形成可溶复合物时，抑制了重金属在氧化物上的吸附。

铁物质常用来处理重金属污染土壤特别是砷污染土壤。不同含铁物质对重金属的固定修复效果存在差异，修复效果分别为：三价硫酸铁盐>二价硫酸铁盐>单质铁。但是 Fe（Ⅲ）很容易造成土壤酸化，从长远角度考虑，零价铁更适合作为土壤修复剂。同时，土壤 pH、Eh、温度、共沉淀金属都是影响转化过程的关键因素。另外，铁物质还会降低土壤养分如磷的有效性。

锰氧化物表面积较大、零电荷点（pH_{ZPC}）较低，在土壤中通常带负电荷，对金属阳离子有较强的吸附能力。锰氧化物的添加可明显降低土壤中溶解态铅的浓度，磷的存在促进了锰氧化物对金属的吸附固定。

氧化物的施用总体上可以增加土壤生物活性。在利用氧化物后除酸性磷酸单酯酶活性下降外，碱性磷酸单酯酶、磷酸二酯酶、蛋白酶活性都有提高。

2）有机钝化剂

有机物料：不少常用有机物料不仅可作为土壤肥力改良剂，还是有效的土壤重金属吸附、络合剂，因而被广泛应用于土壤重金属污染修复中。有机物质通过提升土壤 pH、增加土壤阳离子交换量、形成难溶性金属有机络合物等方式来降低土壤重金属的生物可利用性。常见的有机钝化剂有堆肥、腐殖酸、生物碳等。

有机废物在堆肥工艺过程中，重金属与堆肥中的有机成分、晶格结构紧密地结合在一起，有机结合态、硫化物结合态、碳酸盐结合态重金属显著增加，重金属的迁移性、有效性明显下降。

腐殖酸具有丰富的活性功能基团，能够与重金属发生各种形式的结合，从而成为土壤重金属的钝化固定剂，影响重金属在土壤中的形态转化、移动性和生物有效性。不同腐殖酸组分对土壤重金属的钝化效果不一，灰色胡敏酸>棕色胡敏酸>富里酸，即分子量越大、芳构化程度越高的腐殖酸组分，对重金属的钝化越强。

生物碳指生物质在缺氧或无氧条件下热裂解得到的一类含碳的、稳定的、高度芳香化的固态碳物质，农业废物如秸秆、木材，城市生活有机废物如垃圾、污泥都是制备生物碳的重要原料。生物碳具有较大的孔隙度、比表面积，表面带有大量负电荷和较高的电荷密度，能够吸附大量可交换态阳离子，是一种良好的吸附材料，同时含有丰富的土壤养分元素 N、P、K、Ca、Mg 及微量元素，施到农田后，不仅可修复治理污染土壤，还可以增加土壤有机质、提高土壤肥力，促进作物增产。

生物钝化技术：某些微生物细胞壁外含有的大量带正、负电荷基团，如氨基、咪唑、碳水化合物、去磷脂酸、肽聚糖，以及微生物代谢产生的胞外聚合类物质等均可与环境中的多种重金属元素发生如离子交换、配位结合或络合等定量化合反应而达到固定重金属的目的。生物钝化是指依靠微生物活动使环境中的污染物活性降低，转化为低毒甚至无毒物质的过程。在土壤环境下，微生物对重金属的作用有多种，如通过对重金属的积累而将其固定，或促进重金属与土壤胶体等的络合/沉淀，从而减轻重金属污染程度。

从枝菌根真菌在砷污染土壤的修复中经常应用。其能依靠自身菌丝实现砷的累积，从而提高植物对砷的耐受能力，同时根系微生物可以改善土壤环境，有利于去除重金属。

另外，一些微生物可对重金属进行生物转化，其主要作用是微生物能够通过还原作用转化重金属，改变其毒性，从而形成了某些微生物对重金属的解毒机制。褐色小球菌能够还原 As^{5+}、Se^{4+}、Cu^{2+}；铁还原细菌能够把高度水溶性 Fe^{3+} 还原成难溶性的形态。因而，在重金属的胁迫下，微生物能够通过还原作用转化重金属，以自身的生命活动积极地改变环境中重金属的存在状态，从而降低重金属的毒性。硫酸盐还原菌，可还原水体中的 SO_4^{2-}，生成 H_2S 进而沉淀去除 Cd^{2+} 等重金属离子，同时具有去除重金属和 SO_4^{2-} 的能力。

二、污染耕地安全利用技术模式

华南地区耕地污灌、肥料不当使用、废弃物农用导致了大面积中、轻度重金属等无机化学品超标问题，在重金属胁迫条件下土壤有机 C、N、P 等养分物质的转化异常，以及土壤微生物和动物等生物类群的生物多样性、群落结构变化异常，长期影响耕地质量。为了保证增产增收，重点采用边生产、边修复的经济可行的土壤综合安全利用技术。

1. 耕地污染源头控制技术模式

1）尾矿重金属释放抑制技术集成

广东省主要重金属污染主要为粤北地区矿业尾矿废弃地所造成的流域污染，针对尾矿重金属释放过程，可采用氧化抑制剂与钝化剂结合进行抑制。钝化剂主要采用有机螯合钝化剂，如聚硅氧烷、三乙烯四胺二硫代氨基甲酸钠（DTC-TETA）和二乙胺二硫代氨基甲酸钠（DDTC）等化学材料的高致密有机分子膜尾矿钝化剂，氧化抑制剂可采用生物氧化抑制剂，如缓释杀菌剂滴丸生物抑制剂。抑制剂和高致密有机分子膜钝化剂两项技术相结合，可形成同时抑制尾矿重金属化学和生物氧化溶解的高效钝化技术，从源头上实现尾矿重金属离子的溶解释放（党志等，2012）。

2）尾矿废弃地联合生态恢复技术集成

尾矿废弃地可采用先锋植物/微生物联合生态恢复技术：利用目前筛选得到的糖蜜草、毛苕子、芦草、类芦、菊叶薯蓣和相思等高耐性重金属先锋植物和能源植物，在高毒性尾矿废弃地上通过立体组合以上禾本科、豆科和乔木等植物，在地表上构建生物隔离层以控制矿渣流失。微生物技术主要为植物内生促生微生物，如具有高抗逆和固氮解磷解钾作用的固氮螺菌、光合细菌、枯草芽孢杆菌和蜡样芽孢杆菌等，内生促生微生物能够有效提升种子发芽率及植物生物量，抗 Zn、Cu 耐盐能力强，促进先锋植物的生长，可联合建立生态恢复技术（冯宏等，2013）。

3）灌溉水净化技术集成

灌溉水净化技术在上文中已有详细介绍，针对广东省的情况，可以在基础技术上，选择低成本、高效率的灌溉水污染吸附去除技术及工艺。例如，利用广东省丰富的甘蔗渣和稻草等农业有机废弃物资源进行改性，制造新型的生物质材料，扩大改性吸附材料资源。同时可配合微生物转化固定技术，如还原菌类产品（硫酸盐还原菌，高效镉铅硫化物还原菌等），提高灌溉水中污染物的去除效率，实现处理后农业用水的净化和达标灌溉。

2. 污染农田农产品安全利用技术集成

修复土壤重金属污染的方法：除了利用物理化学生物方法去除土壤中的重金属；或者改变重金属在土壤中的存在形态，降低生物有效性；还有从农产品安全利用角度出发，筛选和培育重金属低累积品种，使其可食部位的重金属含量低于相关食品安全标准限值，保证农产品的安全；或者通过农艺调控措施，使作物尽量少得吸收土壤中的重金属。

1）土壤重金属复合钝化技术

重金属钝化技术也已在上文中详细介绍，而针对广东省的情况，例如周边丰富的矿质资源及有机固体废弃物资源，可研制石灰石类化剂、改性泥炭钝化材料及硅磷复合钝化剂等硅质无机钝化剂；零价铁碳复合材料、零价铁黏土复合材料、腐殖酸铁剂、有机酸铁剂、微生物复合铁剂等多种铁基生物炭钝化材料和微生物有机肥料等有机钝化剂。无机钝化剂一般以速效及高效为特点，有机钝化剂以长效为特点，两种钝化剂的复合使用，可对不同程度重金属污染状况进行长效及高效的钝化。

2）超富集植物萃取和低累积作物安全利用技术

在土壤-植物系统中，重金属污染的类型、浓度、植物生理生化指标、品种基因差异和土壤生态环境都会影响植物吸收累积重金属。低积累作物技术就是筛选和培育重金属低累积品种，使其可食部位的重金属含量低于相关食品安全标准限值。不同类型的作物对重金属的富集能力为：叶菜类>花序类>块根类>谷物类>结实类。但该技术在利用上需要经过一定的筛选：植物在累积重金属的能力上不仅表现出显著的种间差异，还表现出显著的种内差异。目前在水稻和玉米、砂糖橘和甘蔗等作物中已筛选得到可栽种的低累积品种。

超富集植物已在上文中详细介绍，目前常用的富集植物有籽粒苋、东南景天、少花龙葵等。超富集植物和低累积作物轮作、间套种等可以达到在吸收去除重金属的同时，阻控重金属进入农作物中。超富集植物和低累积作物轮作重点首先在于超富集植物培育与强化技术。例如东南景天苗期不耐高温的问题，需在高海拔山地丘陵区建立东南景天的山地度夏育苗定型与扩繁技术。薄膜和稻草覆盖、除草剂预先杀灭等适合超富集植物种植的控草技术，也可强化籽粒苋、东南景天、少花龙葵等超富集植物对重金属的吸收去除。低累积品种作物也需要有相应的栽培条件和种植技术：不同水肥管理技术、耕作制度等田间农艺措施对低累积作物生长都具有调控作用（郭晓方等，2012）。

3）污染土壤农艺调控技术

间作套种技术：间作套种作为我国传统农业的精髓之一，是指在同一土地上按照不同比例种植不同种类农作物的种植方式。间作套种是运用群落的空间结构原理，充分利用光能、空间和时间资源提高农作物产量。由于我国利用植物修复技术清洁污染土壤需时较长，且需中断农业生产，因此间套作体系与植物修复技术复合应用于污染土壤的修复，是一条有效的新途径。

间套作体系十分适用于超富集植物和低累积作物集成体系，目前玉米、青花、白菜和油毛菜间作及套作马铃薯、豌豆和西葫芦明显能够降低重金属 Cd、Pb、Cu 累积含量的影响，特别是在其可使用部分。总体来说，间作套种技术是一种充分利用资源的传统农艺措施，是一种生态环保的技术，与污染修复中的植物修复类，生物修复类技术都可以很好的融合并利用。但受不同的间套作体系、植物构成、季节气候条件的影响，可能具有不一样的效果，因此在选择间作套作技术时需要综合考虑各方面因素（周建利等，2011）。

叶面阻隔技术：叶面阻隔技术通过向植物叶面喷施阻隔剂，来改变重金属在植株体内的分配，抑制重金属向农产品可食部位运输，降低农产品中重金属含量，是一种可大面积应用的稻田重金属污染防治方法。其机理是喷施叶面阻隔剂可以把重金属元素区隔在叶片的细胞壁上，提高水稻对重金属的抗性，减少甚至阻断重金属向食物链转移。

目前喷施的阻隔剂大部分为硅制剂肥料，例如"稀土复合硅溶胶"和"复合叶面硅肥"重金属阻隔剂等，利用叶面施用微量元素硼、钼和硒与重金属的拮抗作用，调控硅、钙、硼和钼等元素配比，配合适当的叶面喷施施用技术，在生长期内（苗期、分蘖期、抽穗期）进行叶面喷施，能够有效降低籽实中 Cd、Pb、Cu、Zn 的吸收量，且施有机硅对水稻重金属毒害的缓解效果更显著。另外，叶面施用硼、钼和硒等其他微量元素既可以补充农作物微量元素，改善农产品质量，又可以与重金属发生拮抗作用，缓解重金属对农作物的毒害作用及在农作物体内的积累。例如，叶面施用适宜浓度的硒元素可以抑制草莓和甜柿品种的重金属镉、铅、汞的含量（刘传平等，2013）。

配方肥农田养分调控技术：主要是基于配方肥技术，通过对形成的化学肥料养分配比的优化，特定选择显著钝化镉铅、减少蔬菜镉铅吸收的肥料品种。同时，在田间条件下，可配合不同深施、浅施和叶面喷施等施用方式，通过水分调节、养分运筹等，改良土壤物理结构及调控微生物活性和生物化学功能，提升肥料配方对作物吸收污染物的阻控作用，形成高效的养分调控技术（王艳红等，2013）。

3. 不同风险等级污染耕地管控及安全利用技术体系

1）高风险等级污染耕地管控及安全利用技术体系

该技术体系主要为集成性技术，在源头控制技术上，结合农用灌溉水净化技术建立污染源排放和农田输入的控制技术体系，高效利用无机钝化为核心的土壤重金属钝化技术、超富集植物种植和低累积作物间套种为核心的生物消减技术、叶面阻隔调理剂喷施和配方肥农田养分施用为核心的农艺调控技术等一系列技术集成体系。通过化学沉淀转化、生物富集和生理阻隔等调控措施，降低土壤污染物的含量和生物可利用性，有效抑制并阻断污染物在作物中的累积，并配合水肥管理技术，整个技术体系以"污染物消减阻隔"为核心。

2）中低风险等级污染耕地管控及安全利用技术体系

该技术主要针对中风险等级污染耕地，高效利用以微生物降解为核心的有机污染物消解技术、超富集植物种植和低累积作物间套种为核心的生物消减技术和配方肥农田养分施用为核心的农艺调控等一系列技术集成体系。通过微生物转化降解、生物富集和生理阻隔等调控措施，降低土壤有机污染物的含量和生物可利用性，有效抑制并阻断有机污染物在作物中的累积，整个技术体系以"生物消减阻控"为核心。

参 考 文 献

蔡东, 肖文芳, 李国怀. 2010. 施用石灰改良酸性土壤的研究进展. 中国农学通报, 26(09): 206-213.

党志, 卢桂宁, 杨琛, 等. 2012. 金属硫化物矿区环境污染的源头控制与修复技术. 华南理工大学学报(自然科学版), 40(10): 83-89.

冯宏, 李永涛, 张干, 等. 2013. 强抗镉真菌的分离鉴定及溶磷能力研究. 华南农业大学学报, 34(2): 177-181.

郭晓方, 黄细花, 卫泽斌, 等. 2008. 低累积作物与化学固定联合利用中度重金属污染土壤. 农业环境科学学报, 27(5): 2122-2123.

郭晓方, 卫泽斌, 谢方文, 等. 2012. 过磷酸钙与石灰混施对污染农田低累积玉米生长和重金属含量的影响. 环境工程学报, 6(4): 1373-1380.

黄蔼霞, 许超, 吴启堂, 等. 2012. 赤泥对重金属污染红壤修复效果及其评价. 水土保持学报, 26(1): 267-272.

蒋成爱, 吴启堂, 吴顺辉, 等. 2009. 东南景天与不同植物混作对土壤重金属吸收的影响. 中国环境科学, 29(9): 985-990.

李凝玉, 李志安, 庄萍, 等. 2010. 籽粒苋对镉耐性及积累特征的研究. 应用与环境生物学报, 16(1): 28-32.

刘传平, 徐向华, 廖新荣, 等. 2013. 叶面喷施铈硅复合溶胶对水东芥菜重金属含量及其他品质的影响. 生态环境学报, 22(6): 1053-1057.

王宁, 李九玉, 徐仁扣. 2007. 壤酸化及酸性土壤的改良和管理. 安徽农学通报, 13(23): 48-51.

王艳红, 李盟军, 唐明灯, 等. 2013. 石灰和泥炭配施对叶菜吸收 Cd 的阻控效应. 农业环境科学学报, 32(12): 2339-2344.

张玉刚, 龙新宪, 陈雪酶. 2008. 微生物处理重金属废水的研究进展. 环境科学与技术, (6): 58-63.

周和平, 张立新, 禹锋, 等. 2007. 我国盐碱地改良技术综述及展望. 现代农业科技, 2007(11): 159-161.

周建利, 吴启堂, 卫泽斌, 等. 2011. 套种条件下混合螯合剂对污染土壤 Cd 淋滤行为的影响. 环境科学, 32(11): 269-276.

第六章 广东省种植业功能区布局
与耕地重点建设工程

第一节 广东省耕地资源配置与种植业布局

广东省耕地资源配置以稳粮增收调结构、提质增效转方式为主线，以稳为主，优化结构布局，突出科技引领，夯实发展基础，挖掘生产潜力，促进种植业持续稳定发展。深入推进粮食绿色增产模式攻关，实现生产生态相协调；主要经济作物生产保持稳定，着力提升园艺产业素质，挖掘增效增收潜力；加强种植业基础与保障能力建设，提升综合生产能力，确保生产安全、产品安全、产业安全。

一、广东省种植业结构发展现状

2000～2014 年，广东省农产品结构发生了一定的变化，如表 6-1 所示，从主要农产品产量可得，广东省粮食产量在 2000～2005 年明显下降，2005～2010 年间下降速度减缓，2010～2013 年稳定在 1310 万 t 左右，2014 年有略微上升。经济作物中蔗糖产量在 2000～2005 年下降，但在 2005～2013 年产量明显上升，2014 年略微下降。烟叶产量变化浮动并不明显，但总体呈下降趋势。经济作物中花生产量在 2005 年后产量一直处于上升趋势。与之相似的是蔬菜及水果产量，2000 年来，蔬菜及水果呈现稳定大幅上升的状态。从产量上来看，蔬菜产业在农业与农村经济结构调整中，逐步成为广东省种植业的主要产业之一，而水果产量仅次于蔬菜，也成为广东省农民增加经济收益的重要途径。

表 6-1 主要农产品产量

主要产品产量/万 t	2000 年	2005 年	2010 年	2013 年	2014 年	2014 年比 2013 年增长/%
粮食	1822.33	1394.97	1316.5	1315.90	1357.34	3.1
蔗糖	1137.59	946.02	1134.35	1358.77	1308.84	−3.7
花生	77.68	75.86	87.13	99.85	104.31	4.5
烟叶	6.21	6.30	5.51	5.70	5.58	−2.1
蔬菜	2214.8	2596.02	2718.59	3144.47	3274.75	4.1
水果	643.52	831.69	1128.73	1368.73	1438.49	5.1

如表 6-2 所示，2010 年以来，广东省农作物种植面积整体呈上升趋势，但粮食作物、经济作物及蔬菜种植面积上具有一定差异。粮食作物为广东省主体种植农作物类型。然而在 2010～2014 年，面积呈现逐渐下降的趋势，面积比例以 55.96%下降至 52.84%。其中，稻米（即水田类）种植面积均有下降，而小麦、旱粮、玉米、薯类及大豆等旱地作物种植面积较为稳定。经济作物占农作物种植面积的15.5%，在 2010～2014 年呈稳定上升趋势，其中油料作物、花生及药材种植面积上升趋势显著，甘蔗、蔗糖、麻类、烟叶及木薯种植面积上升且略有波动。蔬菜面积在 2010～2014 年显著上升，面积比例以 26.08%升至 28.46%，同时亩产也稳步上升，说明蔬菜种植技术成熟，产量提升稳定。在亩产方面，农作物亩产量基本有所上升，或者轻微波动，说明广东省农产业仍具有一定的提升潜力。

表 6-2　主要农作物播种面积、亩产及总产量

作物名称	2010 年			2013 年			2014 年		
	播种面积/万亩	亩产/kg	总产量/万t	播种面积/万亩	亩产/kg	总产量/万t	播种面积/万亩	亩产/kg	总产量/万t
农作物	6786.8			7047.1			7117.4		
粮食作物	3797.9	347	1316.5	3761.4	350	1315.9	3760.5	361	1357.3
稻谷	2929.1	362	1060.6	2863.2	365	1045.0	2839.9	384	1091.6
早稻	1412.0	362	511.10	1358.0	384	521.06	1339.8	390	523.19
晚稻	1517.1	362	549.50	1505.2	348	523.94	1500.1	379	568.45
小麦	1.31	188	0.25	1.40	229	0.32	1.40	212	0.30
旱粮	278.43	282	78.63	301.39	295	88.79	301.51	279	83.97
玉米	243.39	296	72.09	264.97	308	81.62	265.78	289	76.86
薯类	493.67	329	162.32	501.75	331	165.89	523.75	315	165.16
大豆	95.38	154	14.70	93.70	170	15.90	93.95	173	16.27
经济作物	998.6			1091.4			1103.0		
甘蔗	232.29	5597	1300.2	259.48	5986	1553.2	252.77	5953	1504.7
蔗糖	204.62	5544	1134.4	229.28	5926	1358.8	222.76	5876	1308.8
油料作物	506.13	174	88.16	540.24	187	101.01	550.17	192	105.48
花生	492.77	177	87.13	526.52	190	99.85	536.04	195	104.31
麻类	0.31	162	0.05	0.24	161	0.04	0.23	163	0.04
烟叶	35.80	154	5.51	35.32	161	5.70	34.10	164	5.58
木薯	125.05	1236	154.57	123.38	1295	159.78	124.03	1325	164.29
药材	16.70			26.92			30.56		
其他经济作物	82.32			105.77			111.13		
其他作物	1990.3			2194.4			2253.9		
蔬菜	1769.7	1536	2718.6	1960.4	1604	3144.47	2025.60	1617	3274.75

如表 6-3 所示，茶叶、桑、水果等为广东省传统优势经济作物，其中茶叶在 2005～2014 年种植面积呈明显上升趋势，总产量也相应明显上升。同样，桑地面积及蚕茧总产量也明显上升。茶叶、桑虽然是广东省主要经济作物，但是与水果种植面积及产量相比，差距仍较大。水果总种植面积逐步稳定上升，其总产量在 2005～2015 年增长将近 1 倍，上升显著。水果中主要种植作物为荔枝、龙眼及香蕉，种植面积分别为 410.64 万亩、188.83 万亩及 191.83 万亩，其中荔枝和龙眼面积在 2000～2005 年大幅下降，2005～2014 年，基本稳定，但其总产量却逐年明显上升，说明其生产技术成熟，产量稳定上升。香蕉种植面积在 2000～2005 年明显上升，之后一直保持稳定，其产量呈稳定增长。同样，柑橘橙种植面积 2000～2005 年几乎增长 1 倍，2005～2014 年，增长快而稳定，其总产量也随之增长。菠萝种植面积在 2000～2005 年有少量下降，2005 年后其种植面积逐渐增长至 2013 年，2014 年略有下降，其总产量也逐渐上升。总体来说，广东省水果中荔枝与龙眼种植在 2000～2005 年可能转变为种植香蕉和柑橘橙，2005 年之后种植面积基本保持增长或是持平的状态，总产量基本逐年增高，说明广东省在水果种植上仍有较大的提升空间。

表 6-3 茶叶、桑、水果面积及产量

指标	2000 年	2005 年	2010 年	2012 年	2013 年	2014 年
茶叶年末实有面积/万亩	64.80	54.05	61.24	62.76	66.36	72.36
茶叶总产量/万 t	4.21	4.45	5.33	6.31	6.98	7.39
桑地年末实有面积/万亩	26.89	43.64	47.73	49.50	51.56	51.71
蚕茧总产量/万 t	3.09	6.52	9.14	9.73	10.20	10.54
水果年末实有面积/万亩	1502.35	1495.37	1627.21	1650.36	1679.75	1682.77
水果总产量/万 t	643.52	831.69	1128.73	1279.09	1368.73	1438.49
柑橘橙年末实有面积/万亩	123.34	249.03	375.06	382.06	389.06	389.27
柑橘橙总产量/万 t	81.06	143.02	293.07	346.56	377.36	390.42
香蕉年末实有面积/万亩	151.51	192.59	188.22	187.93	191.76	191.83
香蕉总产量/万 t	235.30	330.23	371.27	403.16	420.29	426.32
菠萝年末实有面积/万亩	44.58	40.70	41.27	44.64	51.97	49.88
菠萝总产量/万 t	47.53	52.10	67.55	82.10	88.95	91.76
荔枝年末实有面积/万亩	474.83	417.21	409.67	410.29	409.22	410.64
荔枝总产量/万 t	64.75	86.21	100.83	105.91	111.91	124.05
龙眼年末实有面积/万亩	236.31	186.63	190.91	191.30	190.48	188.83
龙眼总产量/万 t	34.68	46.40	60.70	67.49	70.15	78.43

二、广东省不同作物的区域分布现状

如表 6-4～表 6-9 所示，广东省不同区域其主要种植农作物类型之间有较大的差异，按经济区域分，广东省粤北山区是粮食作物的主要种植区，其次分别为粤西及珠三角，分布在湛江市、茂名市、梅州市等；主体粮食作物为稻谷，主要种植于湛江市、茂名市、梅州市与江门市。稻米亩产量具有一定的地域差异，稻米亩产量最高的区域分别为汕头市、云浮市、潮州市及珠海市，主要分布于粤东与

表 6-4　2014 年各市主要农作物播种面积、亩产及总产量

市别	粮食作物			稻谷		
	播种面积/亩	亩产/kg	总产量/t	播种面积/亩	亩产/kg	总产量/t
广州市	1346076	329	443145	907272	347	314895
深圳市	144	535	77			
珠海市	107159	397	42539	69502	429	29796
汕头市	1069696	436	465995	723503	453	327406
佛山市	309618	318	98423	153640	361	55507
顺德市	1396	322	449			
韶关市	2355789	376	885710	1853549	412	763156
河源市	2458045	371	912342	2024808	403	815066
梅州市	3220013	382	1231002	2582711	411	1061078
惠州市	1745372	339	592099	1209943	346	418610
汕尾市	1429742	314	448824	1038534	329	341965
东莞市	41263	301	12406	13713	362	4965
中山市	223442	336	75171	83369	375	31250
江门市	2866243	332	952698	2578777	343	884747
阳江市	2189019	327	716244	1575285	358	564224
湛江市	4320232	337	1455364	3132511	359	1124007
茂名市	3727680	391	1458420	2979329	415	1235351
肇庆市	3031568	381	1155816	2480748	408	1012179
清远市	2688653	296	795523	2008275	321	645610
潮州市	662564	414	274033	485450	440	213648
揭阳市	2052921	417	856974	1167271	413	481958
云浮市	1759961	398	700595	1331010	444	590982
经济区域						
珠三角	9670885	349	3372374	7496964	367	2751949
东翼	5214923	392	2045826	3414758	400	1364977
西翼	10236931	355	3630028	7687125	380	2923582
山区	12482461	363	4525172	9800353	395	3875892

表 6-5　2014 年各市主要农作物播种面积、亩产及总产量

市别	经济作物播种面积/亩	大豆			蔗糖		
		播种面积/亩	亩产/kg	总产量/t	播种面积/亩	亩产/kg	总产量/t
广州市	489940	24561	239	5870	985	6565	6467
深圳市	513				5	1000	5
珠海市	26054	1270	343	436	757	4688	3549
汕头市	22433	3795	138	522			
佛山市	215021	4596	168	774			
顺德市	50473	10	100	1			
韶关市	1039468	132322	201	26597	40458	5459	220875
河源市	453027	150269	168	25178	5817	4247	24705
梅州市	521131	133997	178	23845			
惠州市	380375	34395	136	4682	13749	5056	69520
汕尾市	231030	29985	126	3780	1000	5000	5000
东莞市	15638	1242	150	186			
中山市	97294	8989	211	1900	497	3781	1879
江门市	384750	34493	171	5898	28318	6282	177898
阳江市	496118	107478	142	15211	16314	4235	69090
湛江市	3270202	25886	185	4785	1994611	5949	11865661
茂名市	934943	23973	204	4899	65294	4883	318814
肇庆市	814885	30217	174	5269	7860	4865	38236
清远市	854537	74332	153	11407	48951	5499	269165
潮州市	41512	4832	146	704	900	8650	7785
揭阳市	166186	46043	170	7814	1899	4701	8928
云浮市	574941	66775	194	12943	161	5180	834
经济区域							
珠三角	2424470	139763	179	25015	52171	5703	297554
东翼	461161	84655	151	12820	3799	5715	21713
西翼	4701263	157337	158	24895	2076219	5902	12253565
山区	3443104	557695	179	99970	95387	5405	515579

珠三角区域。大豆主要种植于韶关市、河源市与梅州市，亩产量最高的区域为珠海市、广州市与中山市，均属于珠三角区域。粤西为广东省经济作物的主要种植区，其次为粤北山区及珠三角区，主要分布在湛江市与韶关市。经济作物中种植面积最大的为花生，其次为蔗糖、木薯与烟草。花生主要种植于湛江市、茂名市、韶关市与清远市，亩产量最高区域为深圳市和顺德市，主要分布于珠三角区域。蔗糖主要种植于湛江市，面积占全省蔗糖总种植面积的 89.54%，亩产量最高区域

表 6-6　2014 年各市主要农作物播种面积、亩产及总产量

市别	花生			烟叶		
	播种面积/亩	亩产/kg	总产量/t	播种面积/亩	亩产/kg	总产量/t
广州市	105985	179	19016	6	167	1
深圳市	5	1000	5			
珠海市	4742	190	900			
汕头市	19316	177	3426			
佛山市	23956	206	4939	7	143	1
顺德市	35	571	20			
韶关市	595402	222	132109	202917	165	33569
河源市	385269	202	77643			
梅州市	230554	172	39665	73615	144	10600
惠州市	347264	176	61291			
汕尾市	182525	148	26948			
东莞市	1152	183	211			
中山市	1583	248	393			
江门市	184898	166	30691			
阳江市	376778	148	55715	750	175	131
湛江市	843894	230	193851	7832	213	1669
茂名市	679519	202	137598	13957	205	2862
肇庆市	378111	190	71897	24191	174	4199
清远市	572972	184	105474	15487	155	2403
潮州市	24312	182	4426			
揭阳市	113999	207	23557	69	145	10
云浮市	288207	185	53341	2167	151	328
经济区域						
珠三角	1047696	181	189343	24204	483	4201
东翼	340152	172	58357	69	145	10
西翼	1900191	204	387164	22539	593	4662
山区	2072404	197	408232	294186	616	46900

为潮州市、广州市及江门市，分布于粤东与珠三角区域。木薯主要种植于云浮市与肇庆市，亩产量最高区域为汕头市，属于粤东区域。烟叶主要种植于韶关市，面积占全省烟草总种植面积的 59.51%，亩产量最高区域为湛江市、茂名市，均属于粤西区域。珠三角区域为广东省主要的蔬菜种植区，其次分别为粤北山区及粤西，主要种植区分布在湛江市、广州市及清远市，亩产量最高区域为汕头市、潮州市与揭阳市。粤西为广东省水果主要种植区，其次为粤北山区与珠三角区域，

表 6-7　2014 年各市主要农作物播种面积、亩产及总产量

市别	木薯			其他作物	蔬菜		
	播种面积/亩	亩产/kg	总产量/t	播种面积/亩	播种面积/亩	亩产/kg	总产量/t
广州市	1098	1260	1383	2205458	2166790	1649	3572476
深圳市				73118	67975	988	67167
珠海市	350	34	12	124595	112493	1454	163548
汕头市	480	3400	1632	746898	739363	2350	1737327
佛山市	1973	1644	3244	964207	785557	1584	1244245
顺德市				147266	79750	1262	100647
韶关市	29916	1270	37988	1630027	1348548	1526	2057593
河源市	42455	940	39893	627759	558603	1233	688538
梅州市	145841	1076	156935	1490064	1120130	1938	2171315
惠州市	1270	1532	1946	1824005	1757725	1486	2612673
汕尾市	23470	2377	55799	815941	766559	1471	1127840
东莞市				309181	304555	1313	399900
中山市	20	800	16	368973	357542	1490	532644
江门市	38060	1506	57313	1012773	888720	1411	1253570
阳江市	60566	998	60456	971496	920183	1038	954988
湛江市	156040	1974	307978	2345912	2203254	1551	3417263
茂名市	100006	1179	117897	1604713	1547748	1692	2618899
肇庆市	243408	1208	294130	1440297	1177832	1978	2329498
清远市	130004	1171	152283	2107520	1821330	1487	2709033
潮州市	3748	1256	4709	258529	215729	2186	471482
揭阳市	17586	1197	21047	1052198	986185	2137	2107578
云浮市	244021	1345	328194	565433	409192	1246	509918
经济区域							
珠三角	286179	1251	358044	8322607	7619189	1598	12175721
东翼	45284	1837	83187	2873566	2707836	2011	5444227
西翼	316612	1536	486331	4922121	4671185	1497	6991150
山区	592237	1208	715293	6420803	5257803	1547	8136397

主要种植水果为荔枝，主要种植于茂名市、阳江市与广州市。产量仅次于荔枝的是柑橘橙，其主要种植于肇庆市、清远市与云浮市；香蕉也是主要种植水果之一，主要种植于茂名市与湛江市，两个地区种植面积占全省香蕉总种植面积的60.35%。龙眼种植面积与香蕉相近，主要种植于茂名市、阳江市、广州市与湛江市。菠萝种植面积最小，主要种植于湛江市，面积占全省菠萝总种植面积的77.99%。总体来说，不同农作物种植面积有较大空间分布差异，粤北山区为主

表 6-8　2014 年各市水果面积及产量

市别	水果合计		柑橘橙		香蕉	
	年末面积/万亩	总产量/万 t	年末面积/万亩	总产量/万 t	年末面积/万亩	总产量/万 t
广州市	93.14	45.66	4.88	5.05	7.29	16.39
深圳市	3.68	0.21	0.02	0.01	0.01	0.00
珠海市	9.38	7.30	0.28	0.35	2.35	3.91
汕头市	19.41	19.63	1.20	2.19	3.66	6.36
佛山市	4.18	4.38	0.30	0.29	1.72	3.32
顺德市	0.37	0.91			0.35	0.90
韶关市	52.27	46.23	25.14	23.49	0.48	0.41
河源市	56.21	37.33	13.86	10.17	1.41	1.23
梅州市	129.48	133.00	14.00	17.64	6.48	7.70
惠州市	86.62	68.36	36.61	39.10	7.78	11.25
汕尾市	55.22	27.30	2.14	3.88	3.81	4.33
东莞市	19.83	6.25	0.01	0.01	3.17	4.34
中山市	9.40	17.52	0.31	0.61	4.55	10.69
江门市	30.07	24.92	5.56	7.33	6.09	10.52
阳江市	122.35	61.53	34.81	33.95	5.39	6.21
湛江市	151.76	270.24	3.96	3.79	54.07	145.68
茂名市	352.88	290.07	2.81	2.32	61.69	163.82
肇庆市	122.62	143.53	97.76	117.40	7.75	10.96
清远市	95.09	76.83	66.73	58.51	1.03	1.56
潮州市	25.16	20.91	2.49	3.70	1.02	2.06
揭阳市	119.16	58.85	7.52	7.12	6.46	9.77
云浮市	124.84	78.45	68.87	53.49	5.61	5.79
经济区域						
珠三角	378.93	318.13	145.73	170.16	40.72	71.39
东翼	218.95	126.69	13.35	16.89	14.95	22.52
西翼	626.99	621.84	41.58	40.06	121.15	315.72
山区	457.90	371.84	188.61	163.31	15.01	16.69

要粮食种植区，粤西为广东省经济作物与水果主要种植区，珠江三角洲为广东省蔬菜主要种植区。从亩产量来看，广东省农作物亩产量与种植面积并不完全对应，种植面积高的区域亩产量并不高。例如，珠三角区域种植面积比例并不高，但其农作物亩产量却均较高，说明其耕地地力水平高及集约化生产方式更为高产高效。

表 6-9　2014 年各市水果面积及产量

市别	菠萝		荔枝		龙眼	
	年末面积/万亩	总产量/万 t	年末面积/万亩	总产量/万 t	年末面积/万亩	总产量/万 t
广州市	0.14	0.08	46.16	6.87	11.73	3.84
深圳市	0.00	0.00	3.10	0.14	0.53	0.05
珠海市			4.42	0.41	0.62	0.17
汕头市	0.11	0.09	3.76	0.79	0.59	0.36
佛山市	0.03	0.04	0.42	0.16	0.96	0.20
顺德市					0.01	0.00
韶关市			0.00	0.00	0.27	0.13
河源市	0.09	0.04	6.59	0.60	1.92	0.56
梅州市	0.27	0.15	6.14	2.25	6.24	3.22
惠州市	0.55	0.45	24.41	7.94	10.53	4.82
汕尾市	2.30	0.98	24.74	9.89	4.76	2.79
东莞市			14.09	1.15	1.91	0.31
中山市	0.31	0.28	1.21	0.70	0.88	0.42
江门市	0.16	0.09	8.89	2.08	5.86	2.05
阳江市	0.33	0.17	46.46	9.67	23.16	6.77
湛江市	38.90	81.80	26.40	12.23	11.71	5.88
茂名市	0.32	0.27	140.16	51.92	77.87	34.53
肇庆市	0.60	0.43	2.62	2.22	3.13	1.85
清远市	0.01	0.01	2.28	0.86	2.22	1.16
潮州市	1.01	1.19	4.25	1.48	4.49	2.52
揭阳市	4.49	5.47	26.62	8.20	9.67	3.09
云浮市	0.27	0.24	17.94	4.49	9.79	3.72
经济区域						
珠三角	1.77	1.36	105.31	21.67	36.15	13.69
东翼	7.90	7.73	59.37	20.36	19.50	8.76
西翼	39.56	82.24	213.03	73.82	112.74	47.18
山区	0.66	0.44	32.95	8.20	20.43	8.80

三、广东省作物结构调整及注意事项

1. 优势种植业结构分析

1）效率优势指数

效率优势指数（productive advantage index，PAI）是指各种植区域某种作物单产水平占该区域所有作物平均单产水平的比值与全国该种作物单产水平占全国所

有作物平均单产水平的比值的比率。由于反映土地生产效率的单位面积产量是某一个国家（或地区）自然资源和生产力水平的集中体现，因此，效率优势指数主要是从资源和生产力的角度来反映农作物的比较优势状况，也是当地自然资源禀赋及各种物质投入水平和科技进步等因素的综合体现。其计算公式为 $PAI_{ij} = (P_{ij}/P_{it})/(P_j/P_t)$。式中，$PAI_{ij}$ 为 i 区 j 种农作物的效率优势指数；P_{ij} 为 i 区 j 种农作物的单产水平；P_{it} 为 i 区所有农作物的平均单产水平；P_j 为全国 j 种农作物的平均单产水平；P_t 为全国所有农作物的平均单产水平。$PAI_{ij}>1$，表明与全国平均水平相比，i 区 j 种农作物生产具有效率优势；$PAI_{ij}<1$，表明 i 区 j 种农作物生产与全国平均水平相比生产效率处于劣势。PAI_{ij} 值越大，效率优势越明显。

根据效率优势指数公式计算得到广东省主要农作物之间的效率优势指数，见表 6-10。从表 6-10 可以看出，2013 年的粮食作物中，只有大豆的效率优势指数大于 1，与全国平均水平相比，广东省的大豆种植具有较高的效率优势，且高于 2005 年 PAI 值，表明广东省大豆的种植效率不断提高，始终优于全国大豆种植。水稻作为广东省最重要的农作物之一，与全国平均水平相比，效率却一直处于劣势，相比于 2005 年，还有略微下降。小麦、玉米、薯类的效率优势指数都小于 1，分别为 0.50、0.56 和 0.98，都不具有效率优势，与 2005 年相比，皆有所下降，但其中薯类相比于小麦、玉米具有比较明显的相对优势。甘蔗、麻类及烟叶的效率优势指数都小于 1，但相比于 2005 年皆有明显上升，而花生不仅效率优势指数都低于 1，且趋势均有下降。

表 6-10 广东省种植业效率优势指数

作物名称	2013 年				PAI_{ij}	
	广东省		全国		2013 年	2005 年
	亩产/kg	面积/万亩	亩产/kg	面积/万亩		
稻谷	365	2863.19	448	45468	0.60	0.61
小麦	229	1.40	337	36175.5	0.50	0.50
玉米	308	264.97	401	54477	0.56	0.62
薯类	331	501.75	248	13444.5	0.98	1.10
大豆	170	93.70	115	13836	1.06	0.97
甘蔗	5986	259.48	4705	2724	0.93	0.87
花生	190	526.52	244	6949.5	0.57	0.58
麻类	161	0.24	167	138	0.70	0.62
烟叶	161	35.32	139	2434.5	0.85	0.74
水果	815	1679.75	1352	18556.5	0.44	

2）规模优势指数

规模优势指数（scale advantage index，SAI）是指各种植区域某种农作物播种面积占该区所有农作物总播种面积的比值与全国该种农作物的播种面积占全国所有农作物总播种面积的比值的比率。某种农作物的播种面积是某一个国家（或地区）劳动与物质可投入能力、市场需求、种植制度、政策支持及自然资源禀赋等因素的综合体现，因此，规模优势指数主要从劳动与物质可投入能力、市场需求、种植制度、政策支持及自然资源禀赋等方面来反映某种农作物的比较优势状况。其计算公式为 $SAI_{ij}=(S_{ij}/S_{it})/(S_j/S_t)$。式中，$SAI_{ij}$ 为 i 区 j 种农作物的规模优势指数；S_{ij} 为 i 区 j 种农作物的播种面积；S_{it} 为 i 区所有农作物的播种总面积；S_j 为全国 j 种农作物的播种面积；S_t 为全国所有农作物的播种总面积。$SAI_{ij}>1$，表明与全国平均水平相比，i 区 j 种农作物生产具有规模优势；$SAI_{ij}<1$，表明 i 区 j 种农作物生产与全国平均水平相比处于劣势。SAI_{ij} 值越大，规模优势越明显。

根据规模优势指数公式计算得到广东省主要农作物之间的规模优势指数，见表 6-11。从表 6-11 可以看出，粮食作物中，作为广东省最主要农作物之一的稻谷具有很强的规模优势，2013 年规模优势指数达到 1.96，然而与 2005 年规模优势指数 2.39 相比，说明广东省稻谷的规模优势在逐渐下降。其他粮食作物，如小麦、玉米、大豆在广东省也有种植，规模优势指数分别为 0.001、0.15、0.21，都不具有规模优势，且优势数值逐年下降。然而与之相对的是广东省薯类规模优势，相比于 2005 年的 0.30，2013 年直接增长到 1.16，其规模优势已高于全国薯类的规模水平，成为广东省规模优势较高的粮食作物。经济作物中广东省甘蔗、花生表现出极高的规模优势，规模优势指数分别为 2.97、2.36，甘蔗是我国两大糖料作物之一，广东省又是我国甘蔗的主产省份之一，因此，甘蔗在广东省表现出很强的规模优势，但是与 2005 年相比其规模优势下降也很明显，与之相比花生规模优

表 6-11　广东省种植业规模优势指数

| 作物名称 | 2013 年 | | | | SAI_{ij} | |
| | 广东省 | | 全国 | | 2013 年 | 2005 年 |
	亩产/kg	面积/万亩	亩产/kg	面积/万亩		
稻谷	365	2863.19	448	45468	1.96	2.39
小麦	229	1.40	337	36175.5	0.001	0.01
玉米	308	264.97	401	54477	0.15	0.17
薯类	331	501.75	248	13444.5	1.16	0.30
大豆	170	93.70	115	13836	0.21	0.28
甘蔗	5986	259.48	4705	2724	2.97	3.52
花生	190	526.52	244	6949.5	2.36	2.14
麻类	161	0.24	167	138	0.05	0.05
烟叶	161	35.32	139	2434.5	0.45	0.75
水果	815	1679.75	1352	18556.5	2.82	

势虽不如甘蔗强，但相比于 2005 年从 2.14 增长到 2.36，规模优势得到了不断的增强。广东省麻类与烟叶都较低，优势指数分别为 0.05 与 0.45，在全国处于劣势。广东省的水果种植规模优势较为明显，规模优势高达 2.82，是广东省极为重要的农作物。

3）综合优势指数

综合优势指数（comprehensive comparative advantage，CCA）是指效率优势指数 PAI 和规模优势指数 SAI 的几何平均数。其计算公式为 $CCA_{ij} = \sqrt{PAI_{ij}SAI_{ij}}$，$CCA_{ij} > 1$，表明与全国平均水平相比，$i$ 区 j 种农作物生产具有比较优势 $CCA_{ij} < 1$，表明 i 区 j 种农作物生产与全国平均水平相比无优势可言。CCA_{ij} 值越大，比较优势越明显。

综合优势兼顾了效率优势和规模优势两方面的因素，根据综合优势指数公式计算得到广东省主要农作物之间的综合优势指数，见表 6-12。从表 6-12 可以看出，粮食作物中，只有稻谷及薯类具有综合优势，综合优势指数为 1.08 及 1.07，然而从整体上来看，广东省稻谷的综合优势呈下降状态，薯类的综合优势指数有逐渐增大的趋势。其他粮食作物，包括小麦、玉米和大豆，它们的综合优势指数都小于 1，与全国平均水平相比，比较劣势，而且综合优势指数还在逐渐下降。广东省的甘蔗表现出较强的综合优势，但优势在逐渐下降，优势指数从 2005 年的 1.75 下降至 1.67。广东省油料作物中花生表现出较强的综合优势，综合优势指数为 1.16，且保持上升的状态。麻类和烟叶的综合优势指数一直都比较低，没有综合优势。最后，广东省水果的综合优势指数较高，为 1.12，是广东省的优势产业。

表 6-12 广东省种植业综合优势指数

作物名称	2013 年				CCA_{ij}	
	广东省		全国		2013 年	2005 年
	亩产/kg	面积/万亩	亩产/kg	面积/万亩		
稻谷	365	2863.19	448	45468	1.08	1.21
小麦	229	1.40	337	36175.5	0.02	0.07
玉米	308	264.97	401	54477	0.29	0.32
薯类	331	501.75	248	13444.5	1.07	0.57
大豆	170	93.70	115	13836	0.48	0.52
甘蔗	5986	259.48	4705	2724	1.67	1.75
花生	190	526.52	244	6949.5	1.16	1.11
麻类	161	0.24	167	138	0.20	0.18
烟叶	161	35.32	139	2434.5	0.62	0.74
水果	815	1679.75	1352	18556.5	1.12	

2. 种植业结构调整要点

1）扶持优势种植业

稳定稻米播种面积：进一步扩大优势作物稻谷的生产，针对其逐年降低的规模优势与综合优势，坚持实行各级政府粮食工作考评责任制，逐级分解下达粮食生产面积和总产量考核指标，实施粮食稳定增产行动，落实粮食生产责任，确保粮食生产计划的完成。严格保护基本农田，推广科学套种、合理间种、扩大复种，利用广东省气候资源和冬闲田优势，充分挖掘面积潜力，千方百计稳定粮食面积及产量。

加快薯类产业开发：薯类的规模优势及综合优势近年来都有明显上升，显示出极高的发展潜力，因此应充分利用冬种资源优势，加快薯类产品及产业开发。加强与内蒙古等省份的合作，建立稳定的种薯繁育基地，确保优质脱毒种薯供应。加强薯类品种试验，示范推广地膜覆盖技术、机械化耕作技术等高产技术，提高马铃薯单产水平。积极发展"订单"生产，开展产前、产中和产后服务，促进农民增产增收。引导、扶持加工型农业龙头企业开展薯类深加工，提升薯类产业化水平。

扩大油糖高产创建示范带动：广东省的糖料作物甘蔗与油料作物花生都表现出较强的综合优势，因此应继续抓好花生、甘蔗高产创建，开展增产模式攻关，组织专家因地制宜研究制定适应于不同区域、不同作物的高产高效技术模式。突出抓好花生良种补贴政策的落实，加快花生良种推广应用，积极推广花生地膜覆盖、甘蔗脱毒健康种苗、病虫害绿色防控等生态栽培技术，提高生产的科技水平，发挥高产创建的示范带动效应。

优化特色水果发展：广东省水果的综合优势指数较高，应针对其特色组织制定全省特色水果产业发展规划。扶持建设 16 个特色水果产业基地，实施品种改良、果园改造与标准化生产、保鲜加工与商品化处理，示范推动广东省特色水果产业加快转变发展方式，增强产品竞争力。以实施柑橘黄龙病防控改种项目为抓手，全面推动柑橘黄龙病防控改种工作，建立苗木繁育体系，实施改种补种，强化监测预警，开展统防统治，力争通过 3～5 年努力，有效控制柑橘黄龙病传播蔓延，促进广东省柑橘产业恢复发展。

2）重点区域重点建设

重点区域布局，主要根据农业产业布局，引导新建园地集中布局、集约发展。充分挖掘区域特色资源利用潜力，提高原产地农用地质量，建设具有较强竞争力的特色农产品产业带（区），加快形成科学合理的特色农产品布局。

（1）粮食生产核心区。广东省属于非粮食主产省，以提高区域自给能力为重点，要大规摸开展基本农田整治，稳步提高粮食综合生产能力，使粮食种植农户真正从土地整治中获取效益，巩固提升粮食主要生产基地的地位。按照《全国新增 1000 亿斤粮食生产能力规划（2009～2020 年）》和广东省人民政府办公厅《转发国务院办公厅关于开展 2011 年全国粮食稳定增产行动意见的通知》（粤府办〔2011〕28 号）的要求，重点加强农田水利、标准农田等基础设施建设，加强地力培肥和水土保持，增强防灾减灾能力；健全科技支撑与服务体系，提高粮食生产科技到位率，加快高产栽培技术推广应用，推进农业机械化应用，充分挖掘粮食单产潜力，增强区域粮食供给能力。首先应重点抓好一批粮食产量超过 100 万 t 的产粮大市、超过 25 万 t 的产粮大县的粮食生产，积极发挥土地整治和财政资金引导作用，广泛动员村级组织兴建修复小型农田水利基础设施和管护农田设施，重点加快 40 个产粮大县（表 6-13）和原来的 43 个粮食高产创建示范县（表 6-14）的基本农田整治。

表 6-13 广东省 40 个粮食生产重点县（市）

廉江市	罗定市	化州市	五华县	英德市	阳东县	恩平市	和平县
台山市	高州市	开平市	封开县	电白县	新兴县	增城市	仁化县
兴宁市	南雄市	高要市	惠东县	揭东县	郁南县	四会市	龙门县
信宜市	龙川县	怀集县	遂溪县	海丰县	博罗县	阳西县	从化市
阳春市	雷州市	紫金县	梅县	东源县	广宁县	揭西县	德庆县

引自《全国新增 1000 亿斤粮食生产能力规划（2009～2020 年）》

表 6-14 广东省粮食高产创建示范县名单

地区	水稻		玉米	马铃薯
	国家示范点	省级示范点	国家示范点	国家示范点
汕头市	澄海区	潮阳区		
韶关市	南雄市	乐昌市、曲江区		
河源市	龙川县	紫金县、东源县		
梅州市	五华县、兴宁市	梅县		
惠州市	博罗县	惠阳区	惠城区	惠东县
汕尾市	海丰县	陆丰市		
江门市	台山市	恩平市、新会区		
阳江市	阳春市	阳西县、阳东县		
湛江市	廉江市、雷州市	遂溪县		
茂名市	信宜市、高州市	化州市	茂南区	
肇庆市	高要区	怀集县、封开		
清远市	清新区	连州市、英德市		
潮州市	潮安县	饶平县		
揭阳市	揭东县	普宁市、惠来县		
汕头市	澄海区	潮阳区		

引自《全国新增 1000 亿斤粮食生产能力规划（2009～2020 年）》

（2）主要农产品集中生产区。将年蔗糖产量 9 个 5 万 t 以上、23 个花生产量
1 万 t 以上、36 个蔬菜生产量 20 万 t 以上的县（表 6-15）及原有的 8 个油料作物
高产创建示范县（表 6-16）作为蔗糖、大豆、花生和蔬菜主产区建设，开展以改
善生产条件和节水灌溉设施建设为主要内容的土地整治。加快优质高效技术示范
推广。结合高产创建、标准园创建，加快示范推广一批适应性广的优势农作物新
良种和新技术。突出良种良法配套、农机农艺融合、优质高效安全，在农产品集
中生产区大力开展粮食绿色增产技术模式攻关试点。大力示范推广甘蔗和花生地
膜覆盖、作物测土配方施肥和病虫害统防统治等重大技术。继续办好广东种业博
览会，以广东种业博览会为核心平台，加快农作物良种良法示范推广。继续扶持
建设区域性农作物良种良法展示基地，建立新品种新技术展示区，加快农作物良
种良法推广。

表 6-15　广东省主要农产品集中生产重点县（市）　　　（单位：t）

县（市）区	蔗糖		花生		蔬菜	
	2008 年	2009 年	2008 年	2009 年	2008 年	2009 年
从化市					320552	314667
增城市					923982	957533
南海区					652988	652988
高明市					201372	201372
三水区					366878	366878
乐昌市					204809	224394
南雄市			19400.0	20421		
仁化县			22692.0	24527		
翁源县	234394	208854	12742.0	11920	221951	236805
兴宁市					310915	396000
梅县					339900	369396
五华县					190473	209082
惠东县			12542.0	14328	471598	472418
博罗县	69931	56148	14203.0	15114	588794	612720
陆丰市					292199	335231
海丰县					325297	353932
台山市	67850	82618	10790.0	11874	223004	240278
开平市					241168	247592
鹤山市					188411	230261
阳春市			19953.0	21817	346139	366370
阳西县					234481	228966
雷州市	3520916	3623652	30172.0	32838	453915	496246

续表

县（市）区	蔗糖		花生		蔬菜	
	2008 年	2009 年	2008 年	2009 年	2008 年	2009 年
廉江市	383157	407105	27118.0	29746	604111	652881
遂溪县	3953897	4099904	27143.0	28608	413419	447921
徐闻县	1300330	1330071			445493	474931
信宜市					255370	293914
高州市			21776.0	21051	512074	531019
化州市	150251	202146	24363.0	25119	398887	419169
电白县			31018.0	32003	431302	455216
四会市			12515.0	12761		
高要市			12220.0	12573	714503	723395
封开县			15588.0	17038		
怀集县			10216.0	10375	311694	319422
英德市	175642	240367	28836.0	29621	418544	457587
连州市			9463.0	11654	400758	415534
清新区			11405.0	11493	282177	246452
阳山县			13858.0	14189	320273	347588
普宁市					355530	367965
揭东县			10230.0	10565	563242	610175
揭西县					177545	202991
惠来县					406156	411840
罗定市			18497.0	18069		
合计县（市）数	9 个		23 个		37 个	

注：重点县没有包括城市市区；引自《全国新增 1000 亿斤粮食生产能力规划（2009～2020 年）》

表 6-16　广东省油料作物高产创建示范县名单

地区	大豆（国家示范点）	花生（国家示范点）
韶关市		仁化县
河源市	龙川县	东源县
阳江市		阳春市
湛江市		廉江市
茂名市		电白县
清远市		英德市
云浮市		罗定市
合计	8 个	

引自《全国新增 1000 亿斤粮食生产能力规划（2009～2020 年）》

（3）特色水果产业基地。热带作物生产区：重点加强热作标准化生产示范园（表 6-17）。优先培育柑橘、橙、香蕉、荔枝、龙眼、菠萝等 5 种广东省较强优势的热作产品，形成具有特色的优势产区，建成一批有较大规模的名优基地，改良品种、优化结构、改善品质、提高单产、加强采后加工、实施名牌和龙头带动战略、强化市场营销、培育及宣传一批知名品牌，同时可加强水果产业与旅游业的融合，在水果主产区积极开发"果乡文化游"等旅游项目，引入文化、创意、旅游元素，积极拓展农业的生态保护、休闲观光、文化传承等新型功能，研究开发相关旅游产品，打造一批融水果、文化民俗文化及休闲度假等为一体的旅游线路，增强旅游业对水果产业的带动作用，建设一批乡村旅游试点示范项目。

表 6-17　广东省热作（水果）标准化生产示范园创建名单

示范园名称	承担单位
广东省徐闻县城北乡香蕉标准化生产示范园	广东省徐闻县水果蔬菜研究所
广东省中山市垣洲镇香蕉标准化生产示范园	广东省中山市垣洲镇恒衍果场
广东省廉江市良垌日升荔枝标准化生产示范园	广东省廉江市良垌日升荔枝合作社
广东省博罗县龙华镇荔枝标准化生产示范园	广东省博罗县龙华镇山前荔枝专业合作社
广东省徐闻县曲界镇菠萝标准化生产示范园	广东省徐闻县水果蔬菜研究所
广东省饶平县联饶镇龙眼标准化生产示范园	广东省饶平县妃子笑果业有限公司
广东省珠海市井岸镇番石榴标准化生产示范园	广东省珠海市果树科学技术推广站
广东省汕头市潮南区雷岭镇荔枝标准化生产示范园	广东省汕头市荔园农业有限公司
广东省中山市黄圃镇火龙果标准化生产示范园	广东省中山市黄圃镇丰裕达农场
广东省恩平市圣堂镇香蕉标准化生产示范园	广东省江门市恩平市圣堂镇香蕉协会
广东省汕头市盐鸿镇番荔枝标准化生产示范园	广东省汕头市盐鸿益群果蔬种植专业合作社
广东省广州市横沥镇香蕉标准化生产示范园	广东省广州激蓝生物科技有限公司
广东省雷州市覃斗镇芒果标准化生产示范园	广东省雷州市绿春农业科技开发有限公司
广东省电白县旦场镇荔枝标准化生产示范园	广东省电白县自强水果专业合作社
广东农垦丰收菠萝标准化生产示范园	广东省丰收糖业公司
广东农垦黎明农场荔枝标准化生产示范园	广东农垦黎明农场
广东农垦名富果业番石榴标准化生产示范园	广垦名富果业公司
广东农垦热带作物科学研究所荔枝标准化生产示范园	广东农垦热带作物科学研究所
广东农垦东埔农场龙眼标准化生产示范园	广东农垦东埔农场
广东农垦葵潭农场荔枝标准化生产示范园	广东农垦葵潭农场

引自《全国新增 1000 亿斤粮食生产能力规划（2009～2020 年）》

第二节　广东省功能区布局及重点建设项目

根据区域自然地理和社会经济特点，以地级以上市为单位，将全省划分为珠江三角洲平原区、粤东沿海区、粤西沿海区及粤西北山区四大区域，并提出各区的发展重点及耕地建设土地利用的主要方向，以促进耕地建设空间优化配置，形成合理的土地利用空间格局。

一、广东省功能区布局

1. 珠江三角洲平原区

珠江三角洲平原区包括广州市、深圳市、珠海市、佛山市、江门市、肇庆市、惠州市、东莞市、中山市 9 市和顺德区。该区地处南亚热带，背山面海，受海洋季风影响，全年气候温和，年均气温为 20～22℃，年降水量为 1800 mm 左右。该区土壤主要有水稻土、堆叠土、赤红壤等。水稻土土层深厚而肥沃，自然环境条件好，基本达到了高产土壤要求。堆叠土是在三角洲沉积物上，经人为开塘筑基，每年大量塘泥上基堆叠而成。赤红壤土层一般深厚，由于植被的破坏，表土层有机质及养分含量不高。

1）该区耕地建设的优势和劣势

该区气候温和、水源充足，平原广阔，土壤肥沃，农田基本建设和技术装备基础较好，耕地质量整体较好，但由于长期高强度的耕作、高密度种植，广州市番禺区等地出现了香蕉土传病害的现象，该区域采取了生态调控模式，在平衡施肥的基础上，增施生物菌肥和微生物菌肥。另外，土壤有机质含量处于中等水平，但东莞地区仍需加强有机培肥技术模式，采用秸秆还田和冬种紫云英的方式。针对该区土壤呈酸性的特点，尤其在江门市，应合理施加石灰等改良剂。由于该区全氮含量已处于丰富水平，因此应适当减少氮肥的施用量。同时，因城镇化和工业化发展，大量的非农建设占用农田导致田块分割较为严重；环境污染问题较为严重；台风、暴雨、洪涝、早春低温阴雨等自然灾害时有影响；部分地区的地下水位较高，也影响了作物根系的发育和土壤肥力的发挥。

2）主要方向

通过耕地整治，将布局分散的田块进行归并，提高农田的连片性，以便于朝规模化和机械化方向发展；加强对污染土壤的治理工作，防止土壤污染进一步扩大，并通过工程措施、生物措施逐步改良土壤；对部分地区的农田进行功能转型，以发展城郊农业、生态旅游及城市观光农田为主线，逐步对农田进行整治。

3）建设治理措施

平原水稻土区重点是"两治一控"，就是综合治酸、排水治潜、调酸控污。施用石灰、有机肥（秸秆还田或种植绿肥）等措施改良酸化土壤，完善排水设施防治稻田潜育化。运用石灰等土壤调理剂调节土壤酸度、钝化重金属活性，阻控污染。加大"桑基鱼塘"生态农业模式的保护力度，促进耕地保护与生态建设的有机结合（表 6-18）。

表 6-18　珠三角平原区基本农田治理措施

地市	整治措施
广州市	各项条件较好，应注重保持地力
深圳市	各项条件较好，应注重保持地力
珠海市	重点加强排水设施建设，防止长期地下水位过高
佛山市	水稻土偏黏，通气透水性略显不足，可适当调节
江门市	土壤排水状况应得到进一步改善
惠州市	应适当掺和部分黏土，多施用有机肥改良土壤条件
东莞市	容易产生一定程度的盐渍化，注重排水设施建设
中山市	优化排水设施，改良土壤质地
肇庆市	总体质量良好，注意保持基础地力

2. 粤东沿海区（粤东沿海丘陵台地区和潮汕平原区）

粤东沿海区包括汕头市、汕尾市、潮州市和揭阳市 4 市。该区气候特点为夏长冬暖，热量丰富。年平均气温为 21～22℃，无霜期长，年降水量为 1800 mm 左右，主要土壤类型为赤红壤和水稻土。本区有省内第二大平原——潮汕平原，潮汕平原区土壤灌溉条件好，土地平坦，精耕细作，土地利用率较高，农用地自然质量综合水平较高。在汕尾丘陵台地区，分布有一定规模的盐渍水稻土，旱地的比重大且贫瘠。

1）该区耕地建设的优势和劣势

该区基本农田建设的主要优势是：热带海洋气候影响显著，光热等条件比同纬度地区优越；农业生产的气候条件优越，土地利用程度高。冲积平原与多种地形相配合，既有利于专业化的地域分工，又可实现农业综合发展。该区基本农田建设的不利因素主要是土地资源匮乏，人口密度大，人均耕地资源少，经济发展和基础建设较为滞后，历史问题造成"小田、散田、废田"较为普遍，受权属的影响，不利于规模化经营。

2）主要方向

通过土地整治，改良土壤，优化农田灌溉渠道建设，提高农田抗旱抗涝等抵抗自然灾害的能力，并积极引导适度规模经营，使"小田变大田、散田变整田、废田变良田"，进一步提高了土地的利用率和产出率。

3）建设治理措施

这两个区域存在的主要问题是有机质和全氮含量都比较低，且土壤都呈酸性。

根据相关性分析（SPSS），土壤有机质含量和全氮含量相关系数达到了 0.762，在 0.01 水平下显著相关。因此，在这两个区域主要通过秸秆还田的方式增加有机质含量的同时，提高全氮含量。另外，为了避免氮肥流失加剧酸化，在合理施加石灰和作物秸秆调节 pH 的同时，通过施加缓效肥调节氮肥的释放。除此之外，针对潮汕平原地区速效钾含量过低，强化钾肥的配比（表 6-19）。

表 6-19　粤东沿海区基本农田治理措施

地市	整治措施
汕头市	旱作土壤偏砂，应注重土壤改良；由于地处滨海地区，应注意排水设施的建设
汕尾市	土壤偏砂有机质含量偏少，注重土壤改良，多施用有机肥
潮州市	地下水位严重偏高，土壤偏砂且通体剖面构型较差，易漏水漏肥，应注重土壤改良，加强排水设施建设
揭阳市	地下水位严重偏高，土壤偏砂，易漏水漏肥，应注重土壤改良，多施用有机肥，加强排水设施建设

3. 粤西沿海区（雷州半岛丘陵台地区和粤西南丘陵地区）

粤西沿海区包括湛江市、茂名市和阳江市 3 市。该区属热带季风气候，夏长冬暖，热量丰富，年均气温在 22℃以上，鉴江、漠阳江流域年降水量为 1300～2300 mm，雷州半岛地区年降水量为 1900～2500 mm，综合自然质量等级较高。

1）该区耕地建设的优势和劣势

这两个地区作为广东省耕地面积较大的区域，该区耕地建设的主要优势在于热量充足，土地综合自然质量等级较高。该区基本农田建设的不利因素主要有耕地质量整体较差，有机质含量低、土壤呈强酸性、质地过黏及耕层较薄。生态环境状况不佳：雷州半岛地区地上水渗漏多，地下水深，水量中等，且被厚大的玄武岩覆盖，地下水资源利用受到一定的限制。

2）主要方向

通过开凿深水井，配合输水管道、电、路等措施改善农田排灌渠系建设；通过天然林及水源涵养林保护、防护林营造等工程，改善土壤及耕种条件。

3）建设治理措施

对这两个地区加强有机培肥模式，合理施用酸化改良剂。在雷州半岛丘陵台地区，主要采取秸秆还田和轮作间作方式，并合理施加石灰；粤西南丘陵地区，养殖业较发达，在土壤中增施动物粪便，并利用粪便发展沼气。另外，粤西南丘陵地区还需强化钾肥的配比（表 6-20）。

4. 粤西北山区（粤北山地丘陵区和粤中南丘陵区）

粤西北山区包括韶关市、梅州市、河源市、清远市和云浮市 5 市。该区纬度高，海拔高，春暖迟，秋寒早，无霜期短，年平均气温为 16～20℃，降水量为 1400～

表 6-20　粤西沿海区基本农田治理措施

地市	整治措施
茂名市	多施用有机肥以改良土壤，对部分地区进行地面平整
阳江市	加施土壤改良剂改善盐渍化状况，通过生物措施或者加施土壤改良剂
湛江市	多施用有机肥，采用工程措施改良土壤质地为主，以加强水利基础设施建设，保证有效灌溉

1800 mm，该区的土壤类型主要有红壤、黄壤、水稻土、石灰土、紫色土，山地土壤有机质、全氮含量较高；分布于中山谷地的水稻土，由于日照少、土温低，形成中低产田。

　　1）该区耕地建设的优势和劣势

　　粤西北山区的丘陵山地占全区土地总面积约 80%，土地类型多样，便于多样化利用和农业综合发展，是全省重要的生态屏障和水源涵养地，同时也是重要的矿产储藏区。该区耕地建设的主要优势在于农业栽培技术成熟，土地利用水平高，部分地区的粮食单产水平居广东省较高水平。该区基本农田建设的不利因素主要有农业气象灾害较多，主要是寒潮、洪涝和秋旱；中、低产田面积较大；环境问题突出，主要是工业污染、水土流失、环境恶化。

　　2）主要方向

　　通过坡改梯等措施，防治水土流失，保护生态环境；通过土地整治，提高耕作层有机质含量，使水田土壤有机质含量达到 2.5%以上，旱地达到 2%以上；增加耕作层厚度；消除土壤障碍因子，改善主要理化性状。充分发挥山区气候和资源比较优势，建立一批规模化的畜牧、水产、蔬菜、水果、花卉、南药、烟草等优势农产品基地；积极发展以自然景观、人文景观为特色的观光游，以及温泉、山地和乡村度假游，推进资源优势转化。

　　3）建设治理措施

　　这两个区域有机质和全氮含量较丰富，但是磷肥和钾肥不均衡。在粤北山地丘陵区，尤其在韶关市，需强化钾肥的配比；在粤中南丘陵地区，需要强化磷肥的配比，尤其在此地区土壤呈强酸性，因此改变磷肥品种，推广施用钙镁磷肥，提高土壤有效磷的同时，提升土壤 pH。另外，这两个丘陵地区养殖业较繁荣，因此，在这两个区域采用资源循环利用技术模式，发展沼气，建立水肥一体化灌溉系统。丘陵红黄壤区重点是修建农家肥堆沤池和堆放场，增施有机肥，石灰等土壤调理剂与绿肥结合改良酸化土壤。严格保护农用地特别是耕地，构建耕地、林草、水系、绿带等生态廊道，加强各生态用地之间的有机联系；加大生态清洁型小流域建设力度，妥善处置农村生活垃圾、污水，减轻农业面源污染，有效保护水源水质和生态环境（表 6-21）。

表 6-21　粤西北山区基本农田治理措施

地市	整治措施
河源市	应注意排水设施及有机肥的施用，维持现有地力
梅州市	自然质量总体处于中上等，无明显缺陷，对于土壤质地、水利设施建设等有全面维护
清远市	土壤有机质含量偏低，应多施用有机肥，注重土壤改良，对障碍层和地表岩石露头进行治理
韶关市	对于土壤质地、水利设施、田面坡度等有全面维护，由于部分地区有石灰岩板结层出现情况，应给予一定的处理
云浮市	加强水利基础设施建设，做好排涝措施，消减土壤障碍因子的影响

二、广东省重点建设项目

1. 高标准农田重点建设

1）高标准农田的内涵

按照全国土地整治规划，2015 年我国将建成 4 亿亩高标准基本农田，2020 年力争建成 8 亿亩高标准基本农田，为国家粮食安全奠定坚实基础。一般认为，高标准应该包括三种含义：一是高产稳产，这是个相对概念、区域概念；二是方便耕作，农业生产条件好，能够节省劳力、节约生产成本，有利于实现农业现代化；三是耕地健康，农田环境、土壤环境和农业生产过程都要健康。因此，高标准基本农田示范区建设，要按照田、水、路、林合理规划，综合整治的原则，通过田块合理规划，完善水利配套设施、道路工程、林网建设，达到提高耕地质量和综合生产能力，改善生态环境的目标。

高标准农田建设就是通过工程措施和生物措施等将耕地整理成为"田成方、林成网、渠相通、路相连、涝能排、旱能灌"的旱涝保收、节水高效的高产稳产田。它不仅是一项田间工程，即对水、路、渠、林的改造和配套，更是实施土地平整、土壤结构改良的一项田面工程，是一个系统完整地提升耕地持续生产能力的综合性措施。

高标准农田建设是农村土地整治的重要内容，是优化耕地布局，提高耕地利用效率，提升耕地质量等级和生产能力的有效途径。同时，也是建设现代高效农业的基础保障，是推进新农村建设，增加农民收入，稳定农业生产，确保国家粮食安全的重要手段。

2）高标准农田建设目标

有序开展农田整理，统筹土地平整、田间道路、农田防护和农田水利建设等，改善农业生产条件，提高高产稳产农地比重，实施旱涝保收高标准基本农田建设工程，使农业生产条件得到明显改善，根据《广东省土地利用总体规划（2006～2020 年）》，"十二五"期间，每年财政继续统筹安排 20 亿元，扶持建设 120 万亩（8 万 hm²）标准农田，到 2015 年，扶持建设 600 万亩（40 万 hm²）标准农田，建成高标准基本农田 100 万 hm² 以上。加快建设 40 个产粮大县的基本农田整治，大规模开展粮食高产创建，把水稻播种面积 15 万亩以上的 80 个县列入省级扶持高产创建范围，省财政每年继续安排粮食高产创建示范县补助资金和粮食增产奖励资金。选择基础条件好、增产潜力大的 1 个县及 5 个乡（镇），开展整乡整县整建制推进粮食高产创建试点。将基本农田中耕地面积 50 万亩以上的 18 个县作为高标准基本农田整治重点县建设（表 6-22）。到 2020 年建成 1000 处 5000 亩连片的省级、1000 个 2000 亩连片的市级和 5000 个 1000 亩连片的县级粮食及主要农产品集中生产基地高标准基本农田保护示范区，建设 1500 万亩（100 万 hm²）以上高产稳产基本农田，使旱涝保收基本农田（累计 100 hm²）比例提高到 40% 以上（表 6-22）。

表 6-22　广东省基本农田中耕地超过 50 万亩的县（区、市）　（单位：亩）

地级市	县（市）	基本农田	耕地
韶关市	南雄市	589212	589212
江门市	台山市	994279	766729
湛江市	遂溪县	1360960	1360960
	廉江市	1244818	1131511
	雷州市	2099376	1875465
茂名市	电白县	656082	530549
	高州市	826007	824612
	化州市	943796	815711
	信宜市	565230	565230
肇庆市	怀集县	547630	541679
惠州市	博罗县	695926	678551
梅州市	五华县	550450	543879
汕尾市	陆丰市	700938	597141
河源市	龙川县	540561	540359
阳江市	阳春市	1184223	788506
清远市	阳山县	569592	545772
	清新区	593960	527773
	英德市	1335400	1205332
云浮市	罗定市	718996	624587

引自《广东省土地整治规划（2011～2015 年）》

有针对性地开展地力培肥，提高土壤养分状况。土地整治是对耕地外在条件的改善，是提升耕地产能的基础；地力培肥是对耕地内部条件的改良，是提升耕地产能的保障，只有二者有机结合，才能促使耕地产能稳步、持续提升。大力开展新增耕地的地力培肥，整治中低产田的限制性因素，使耕地质量和生产能力明显提高，用 10 年时间，将基本农田保护区内规模连片的 1000 多万亩中低产田建成土地平整、土壤肥沃、路渠配套的现代标准农田，全面提高耕地产出水平和粮食综合生产能力。到 2020 年，使中低产田比例下降到 40%，粮食作物单位面积产量提高 10%以上。

3）高标准农田建设实施概况

广东省高标准基本农田重点建设区总面积为 542361.94 hm²，其中粤东沿海区为 124467.05 hm²、粤西北山区为 72794.50 hm²、粤西沿海区为 202931.41 hm²、珠江三角洲平原区为 142168.98 hm²。高标准基本农田重点建设区面积大于 30000 hm²的县（区）为化州市和陆丰市，20000～30000 hm²的县（区）则有阳春市、雷州市、恩平市和海丰县。广东省高标准基本农田重点建设区如表 6-23 所示。

表 6-23　广东省高标准基本农田重点建设区一览表　　　（单位：hm²）

区域	所属地市	基本农田重点建设区划定面积
粤东沿海区	潮州市	9800
	揭阳市	14362
	汕头市	44373
	汕尾市	55928
粤西北山区	河源市	2043.45
	梅州市	2514.96
	清远市	41998
	韶关市	11791
	云浮市	14344
粤西沿海区	茂名市	87920
	阳江市	55047
	湛江市	59958
珠江三角洲平原区	佛山市	5091
	广州市	4109
	惠州市	11483
	江门市	44313
	肇庆市	33275
	中山市	13320
	珠海市	11569

引自《广东省土地整治规划（2011～2015 年）》

4）具体措施

（1）土地平整工程。土地平整工程是为满足农田耕作、灌排需要而进行的田块修筑和地力保持措施。包括耕作田块修筑工程和耕作层地力保持工程。通过实施土地平整工程，实现田块集中、耕作田面平整，耕作层土壤理化指标满足作物高产稳产要求（表 6-24 和表 6-25）。

表 6-24　土地平整工程标准

指标	具体参数
田面高度差	水田格田田面高度差应小于±5 cm，坑洼地及沼泽地填平后，与周围田面的高程基本一致
耕作层厚度	耕作层厚度应达到15cm以上，有效土层厚度应达到50 cm以上
田块规格	平原区田块面积宜不低于 100 亩，丘陵山区田块规模可适当减小
地面坡度	地面坡度为 15°～25°的坡耕地宜修建梯田。有特殊耕作习惯或要求的地区，地面坡度为 5°～15°的坡耕可以顺坡种植

表 6-25　不同区域土地平整技术要求

指标	具体参数
平原区	平原区以修建水平条田（方田）为主，平原区条田以 100～600m 为宜；条田宽度取决于机械作业宽度的倍数，以 50～200m 为宜；梯田田面长边宜平行等高线布置，长度以 100～200m 为宜。田面宽度便于中小型机械作业和田间管理
水田区	水田区耕作田块内部宜布置格田。格田长度以 60～120m 为宜，宽度以 20～40m 为宜；格田之间以田埂为界，埂高 20～30cm，埂顶宽 20～30cm 为宜；水田区格田内田面高度应小于±3cm，旱地区畦田内田面高度差应小于±5cm；当采用喷、微灌时，畦、格田内田面高差不大于 15cm
梯田区	梯田区土坎高度不宜超过 2m，石坎高度不宜超过 3m。在易造成冲刷的土石山区，就地取材修筑石坎；在土质黏性较好的区域，宜采用土质埂坎；在土质稳定较差、易造成水土流失的地区，宜采用石质或土石混合埂坎
丘陵区	以修建水平梯田为主，并配套坡面防护设施

（2）灌溉与排水工程。灌溉与排水工程是为防治农田旱、涝、渍和盐碱等灾害而采取的各种措施总称。包括水源工程、输水工程、排水工程、喷微灌工程、渠系建筑物工程和泵站及输配电工程。通过实施灌溉与排水工程，合理利用水资源，形成"旱能灌、涝能排、渍能降"的灌排体系，采取节水灌溉措施，增加有效灌溉面积。完善灌排体系，充分利用水资源，灌溉水利用系数应不低于《节水灌溉工程技术规范（GB/T 50363—2006）》；水浇地不低于 70%，水田应不低于 75%。满足灌溉设计保证率的农田比例应不低于 80%。雷州半岛为水资源不稳定地区，灌溉设计保证率的农田比例应不低于 75%。排涝标准应不低于 10 年一遇。

灌溉与排水工程技术要求：①根据不同地形条件、水源特点等，合理配置各种水源；水资源利用应以地表水为主，地下水为辅，严格控制开采深层水和承压水，做到蓄、引、提、集相结合，中、小、微型工程并举；大力发展节水灌溉，提高水资源利用效率；灌溉水质应符合现行《农田灌溉水质标准》的规定。②按照整治规模、地形条件、交通与耕作要求，合理布局各级输配水渠道。各级渠道应配套完善的渠系建筑物，做到引水有门、分水有闸、过路有桥、运行安全、管理方便。积极开展用水计量、控制等自动化工作。③采取多种节水措施减少输水损失。采用灌排合一渠沟时，宜采取全断面硬化；排水沟位于山地丘陵区及土质松软地区时，应根据土质、受力和地下水作用等进行基础处理。④灌溉设计保证率，应根据水文气象、水土资源、作物种类、灌溉规模、灌水方式及经济效益等因素确定。⑤灌溉水利用系数，中型灌区不应低于 0.70；小型灌区不应低于 0.70；井灌区不应低于 0.80；喷灌、微喷灌区不应低于 0.85；滴灌区不应低于 0.90（表 6-26）。

表 6-26　不同工程类型区灌溉设计保证率

一级工程类型区	二级工程类型区	灌溉设计保证率
山地丘陵类型区	山地丘岗区	80%～85%
	浅丘冲陇区	80%～95%
	河谷平原区	85%～95%
河口三角洲及沿海平原低地类型区	滨海盐化低地区	85%～95%
	滨海脱盐平原低地区	85%～95%
沿海台地类型区	台地地表水灌溉区	75%～90%
	台地地下水灌溉区	75%～90%

（3）排渍标准和排涝标准见表 6-27。

表 6-27　排渍标准

类型	排渍标准
无盐碱化威胁地区	水稻晒田期 5～7d，平原区农田地下水位降至离田面 0.5m 以下，山丘区 0.3～0.5m；淹灌期适宜日渗量 2～8mm/d（黏性土取小值，砂性土取大值）
滨海盐化低地区	稻田适宜日渗量为 3～5mm/d。山地丘岗区和沿海台地区可不考虑排渍要求

排涝标准：以 10 年一遇设计暴雨重现期 1d 降雨量，旱作物雨后 1d 排至无积水，水稻田雨后 3d 排至耐淹水深，鱼塘不漫顶为标准。经济条件较好的地区可适当提高，也可参照表 6-28 确定排涝标准。

表 6-28　排涝标准

一级工程类型区	排涝标准
山地丘陵类型区	10 年一遇日暴雨，雨后 3d 排除
河口三角洲及沿海平原低地类型区	10 年一遇日暴雨，雨后 2d 排除
沿海台地类型区	10 年一遇日暴雨，雨后 2d 排除

在水源地势低无自流灌溉条件或采用自流灌溉不经济时，可修建泵站。泵站、机井等工程宜采用专用直配输电线路供电。灌排渠系建筑物布置应选在地形条件适宜和地质条件良好的地区，满足灌排系统水位、流量、泥沙处理、运行、管理的要求，适应交通和群众生产、生活的需要，并尽量采用联合建筑和装配式结构。建筑物基础底面应埋设在设计洪水冲刷线 50 cm 以下。

（4）田间道路工程。田间道路工程是为满足农业物资运输、农业耕作和其他农业生产活动需要所采取的各种措施的总称，包括田间道和生产路。通过实施田间道路工程，构建便捷高效的田间道路体系，使田块之间和田块与居民点保持便捷的交通联系，满足农业机械化生产、安全方便的生活需要。田间道的路面宽度宜为 3～6 m，生产路的路面宽度宜为 3 m 以下。在大型机械作业区，田间道的路面宽度可适当放宽。道路通达度平原区应不低于 95%，丘陵区应不低于 80%。田间道路工程技术要求：①田间道路工程的布局应力求使居民点、生产经营中心、各轮作区和田块之间保持便捷的交通联系，力求线路笔直且往返路程最短，道路面积与路网密度达到合理的水平，确保农机具到达每一个耕作田块，促进田间生产作业效率的提高和耕作成本的降低。②田间道路工程在确定合理田间道路面积与田间道路密度情况下，应尽量减少道路占地面积，与沟渠、林带结合布置，避免或者减少道路跨越沟渠，减少桥涵闸等交叉工程，提高土地集约化利用率。③田间道的路面宽度以 3～6 m 为宜，根据需要并结合地势设置错车道，错车道宽度不小于 5.5 m，有效长度不少于 10 m；在大型机械化作业区的田间道路面宽度可适当放宽，承担农产品运输和生产生活功能的田间道路面宜硬化；田间道路基高度以 20～30 cm 为宜，常年积水区可适当提高；在暴雨集中区域，田间道应采用硬化路肩，路肩宽以 25～50 cm 为宜。④生产路路面宽度宜为 3 m 以下，大型机械化作业区的生产路路面宽度可适当放宽，生产路路面宜高出地面 30 cm。生产路宜采用素土路面。

（5）农田防护与生态环境保持工程。农田防护与生态环境保持工程是为保障项目区土地利用活动安全，保持和改善生态条件，防止或减少污染、自然灾害而采取的各种措施的总称。包括农田林网工程、岸坡防护工程、沟道治理工程和坡面防护工程。农田防护与生态环境保持工程应与田、路、渠、沟等有机结合。风害区农田防护面积应不小于 90%。结合整治区实际情况，应布置必要的农田防洪、防风、水土流失控制等农田防护措施，优化农田生态景观，配置生态廊道，维护农田生态系统安全。根据因害设防原则，合理设置农田防护林。农田防护林走向应与田、路、渠、沟有机结合，以渠、路定林，渠、路、林平行；树种的选择和配置，应选择表现良好的乡土品种和适合当地条件的配置方式。以小流域为单元，采用谷坊、淤地坝、沟头防护等工程措施，进行全面规划、综合治理。坡面防护工程布局要根据"高水、高蓄、高用"和"蓄、引、用、排"相结合原则,合理布设截水沟、捧水沟、沉沙池等坡面水系工程,系统拦蓄和排泄坡面径流,构成完整的坡面灌溉体系。

(6)广东省建设重点区域如表6-29~表6-37所示。

表6-29　一级类型区 A——粤山地丘陵类型区

指标	具体参数
主体地域特征	本类型区主体分布在广东省北部和东北部,地貌类型以低山丘陵为主,山地丘陵之间不连续地分布有河谷冲积平原
土地利用状况	农业基础设施较差,中低产田所占比例高,土地生产力较低,农业后备资源缺乏
土地利用限制条件	最大限制性因素是地形。该区地形切割剧烈,相对高差大,使田块修筑工程施工难度大;全年降水集中,夏季暴雨多及水利设施不配套,导致坡面径流冲刷能力强,水土流失严重
高标准基本农田建设的重点和目标	道路工程、农田防护与生态环境保持工程是该区土地整理工程的重点。应推进道路通达工程;加强治坡工程布局和水土保持林建设,防治水土流失,保护表层土壤;加强水利基础设施建设,提高灌溉保证率,达80%以上

表6-30　一级类型区 B——粤河口三角洲及沿海平原低地类型区

指标	具体参数
主体地域特征	本类型区主体分布于广东省的中南部和东部,区内地貌类型以平原为主
土地利用状况	农业基础设施较好,中低产田所占比例较低,土地生产力较高,农业经济发展水平较高,人地矛盾较突出
土地利用限制条件	土壤母质主要为河流冲积物,质地黏重、透气性差,且排水不畅,存在土壤盐渍化现象,中低产田仍占一定比例;地表径流排泄缓慢,夏季暴雨易造成严重洪涝灾害;沿海地区夏秋季节受台风等自然灾害威胁大
高标准基本农田建设的重点和目标	加强排灌设施建设和农业机械化水平,灌溉保证率达85%以上;控制地下水位,晒田5~7d地下水位降至田面50cm以下;10年一遇24h暴雨2d排除;加速土壤脱盐,防止土壤返盐,加强农田防护林、防风林网建设,提高抵御风害能力;培肥土壤,提高肥力

表6-31　一级类型区 C——粤沿海台地类型区

指标	具体参数
主体地域特征	本类型区主体分布于广东省的西部,地貌类型以台地为主,沿海地区还分布有海积平原
土地利用状况	农业基础设施较差,中低产田所占比例较高,土地生产力和农业经济发展水平相对较低,农业后备资源较丰富
土地利用限制条件	土质疏松、透水透气性好,但保水保肥能力差,加上夏季雨水多,土壤中营养元素淋溶作用强,造成有机质及速效养分含量较低;在玄武岩台地区,母质黏重,易滞水受渍;台风等自然灾害威胁大
高标准基本农田建设的重点和目标	大力推广节水灌溉设施,灌溉保证率达80%以上;沿海区应加强农田防护林、防风林网建设,提高抵御风害能力;加强地下水开采利用及排灌设施布局

表 6-32　　二级类型区 A——山地丘岗类型区（模式）

指标	具体参数
主体地域特征	地形切割强烈的丘陵山地狭长的支谷支沟高差 200m 以内的地带
高标准基本农田建设限制因素	地势起伏较大，土地不平整，水利设施不配套，灌溉保证率低，防洪除涝能力有待提高，土壤养分贫瘠，有机质含量低
高标准基本农田建设工程的重点和方向	加强道路通达工程、治坡工程布局和水土保持林的建设，防治水土流失，保护表层土壤，此外还应加强水利基础设施建设，提高灌溉保证率
主要建设内容及工程组合特征	土地平整工程，梯田平整，通过客土工程增加有效耕作土层，进行表土改良；水源工程，拦截山塘、修建蓄水池，取水方式以引水为主、提水为辅；二级田间道路面以砂石路面为主，一级田间道路面以水泥路面为主

表 6-33　　二级类型区 B——浅丘冲陇类型区（模式）

指标	具体参数
主体地域特征	地面形态为浅谷宽沟、缓坡平顶、丘垄地形，相对高差在 100 m 以内
高标准基本农田建设限制因素	土地不平整；防洪除涝能力有待提高；由于地处低地，冬季易受低温霜冻的危害
高标准基本农田建设工程的重点和方向	加强水利基础设施建设，提高防洪排涝标准；加强治坡工程布局和水土保持林的建设，防治水土流失
主要建设内容及工程组合特征	土地平整工程，分级平整，通过田间土方调配或客土填方工程增加有效耕作土层，进行表土改良；水源工程，拦截山塘、修建蓄水池，冷浸田的深排水沟修建，取水方式以引水为主；二级田间道路面以砂石路面为主，一级田间道路面以水泥路面为主
关键指标	田块：有效土层厚度≥50 cm，适宜机耕。灌溉保证率大于 80%，灌溉水源引用河流过境水和水库蓄水、山塘水，灌溉方式为自流或引水灌溉，以沟灌为主，渠道特征为明渠布置，排水采用自排方式，斗渠（沟）密度为 1.5～2.5 km/hm^2，农渠（沟）密度为 6～15 km/hm^2；道路密度为 2.5～6 km/km^2，其中田间道为 2.5～5 km/km^2，生产路为 3～6 km/hm^2

表 6-34　　二级类型区 C——北部的河谷地区（模式）

指标	具体参数
主体地域特征	河谷与冲沟平原
高标准基本农田建设限制因素	土壤质地黏重，易滞水受渍，工业潜在威胁较大，土壤有盐渍化的趋势
高标准基本农田建设工程的重点和方向	加强排水工程的修筑，防止雨后和灌溉后积水受渍，此外还要加强农业机械化水平
主要建设内容及工程组合特征	土地平整工程，进行表土改良，田块以条田为主，结合少量梯田平整；冷浸田地下排水沟工程；取水方式以引水、提水为主；二级田间道路面以砂石或泥结石路面为主，一级田间道路面以水泥路面为主
关键指标	田块：标准化条田，有效土层厚度≥60 cm，适宜机耕。灌溉保证率大于 85%，灌溉水源引用河流过境水和水库、山塘水，灌溉方式为自流或提水灌溉，以沟灌为主，渠道特征为明渠布置，排水采用自排、抽排方式，斗渠（沟）密度为 1.5～2.0 km/hm^2，农渠（沟）密度为 6～10 km/hm^2；道路密度为 2.5～5 km/km^2，其中田间道为 2.5～4 km/km^2，生产路为 3～5 km/km^2

表 6-35 二级类型区 D——滨海盐化低地类型区（模式）

指标	具体参数
主体地域特征	条田化平原、海湾低平原、盐土平原与盐田区
高标准基本农田建设限制因素	土壤盐渍化严重，低产土壤分布广，土壤有机质含量低，台风等自然灾害威胁大
高标准基本农田建设工程的重点和方向	加速土壤脱盐和地下水的淡化，在土壤中适当掺砂以改善土壤结构，注意土地的用养结合；加强农田防护林与沿海防护林网建设，提高抵御风害的能力；同时加强对滩涂进行围垦开发，以缓解土地资源的紧缺
主要建设内容及工程组合特征	土地平整工程，进行表土改良，田块以条田为主；泵站抽排工程和深沟排盐工程；取水方式以引水为主；二级田间道路面以砂石路面为主，一级田间道路面以水泥路面为主；设置防风防护林工程
关键指标	田块：标准化条田，有效土层厚度≥60 cm，适宜机耕。灌溉保证率大于 85%，灌溉水源引用河流过境水和水库蓄水，灌溉方式为集中、自流或提水灌溉，以渠灌为主，渠道特征为明渠布置，排水采用抽排、自排方式，斗渠（沟）密度为 1.5～2.0 km/hm²，农渠（沟）密度为 5～6 km/hm²；道路密度为 2～3 km/km²，其中田间道为 2～2.5 km/km²，生产路为 2.5～3 km/km²

表 6-36 二级类型区 E——滨海脱盐平原低地类型区（模式）

指标	具体参数
主体地域特征	已脱盐平原、高亢平原
高标准基本农田建设限制因素	排灌设施不健全，土壤含盐量高、有机质缺乏、养分含量偏低、土质疏松、保水保肥能力较差，如果耕作不当，易产生次生盐渍化
高标准基本农田建设工程的重点和方向	加强排灌设施的布局，控制地下水位，加速土壤的脱盐，防止土壤返盐，加强农田防护林与沿海防护林网建设，加强抵御风害的能力，大力发展优质高效的农业
主要建设内容及工程组合特征	土地平整工程，进行表土改良，田块以条田为主；泵站抽排工程和深排水沟工程；取水方式以引水为主；二级田间道路面以砂石路面为主，一级田间道路面以水泥路面为主
关键指标	田块：标准化条田，有效土层厚度≥60 cm，适宜机耕。灌溉保证率大于 90%，灌溉水源引用河流过境水和水库蓄水，灌溉方式为集中、自流或提水灌溉，以沟灌为主，渠道特征为明渠布置，排水采用抽排、自排方式，斗渠（沟）密度为 1.5～2.0 km/hm²，农渠（沟）密度为 5～6 km/hm²；道路密度为 2～3 km/km²，其中田间道为 2～2.5 km/km²，生产路为 2.5～3 km/km²

表 6-37 二级类型区 F——台地灌溉类型区（模式）

指标	具体参数
主体地域特征	沿海台地
高标准基本农田建设限制因素	土壤有机质含量低，速效养分含量也较低；海积平原区土质疏松，保水保肥能力差，易发生次生盐渍化；玄武岩台地地区质地黏重、透水透气性差，易滞水受渍；排灌设施不健全，台风等自然灾害威胁大
高标准基本农田建设工程的重点和方向	大力推广节水灌溉设施；还应加强对地下水的开采利用及排灌设施的布局，防止土壤盐渍化倾向；沿海地区还应加强农田防护林与沿海防护林网建设，提高抵御风害的能力
主要建设内容及工程组合特征	土地平整工程，进行表土改良，田块以条田为主；取水方式以抽水为主；二级田间道路面以砂石路面为主，一级田间道路面以水泥路面为主；设置防风防护林工程
关键指标	田块：标准化条田，有效土层厚度≥60 cm，适宜机耕。灌溉保证率大于 75%，灌溉水源主要为地下水、河流和水库蓄水，灌溉方式为集中、自流或提水灌溉，灌溉方式包括沟灌、喷灌和微灌等，渠道特征为明渠和管道输水布置，排水主要为自排方式，斗渠（沟）密度为 1.5～2.0 km/hm²，农渠（沟）密度为 5～6 km/hm²；道路密度为 2～3 km/km²，其中田间道为 2～2.5 km/km²，生产路为 2.5～3 km/km²

2. 新增及复垦农田重点建设

1）新增耕地来源及潜力

新增耕地指新增加的种植农作物的土地，主要来源于土地整理、开发、复垦等土地整治措施。广东省作为全国第一人口大省，全国最大的粮食主销区，保护好耕地资源、稳定和提高粮食生产能力与粮食自给率，是广东省为保障粮食安全应履行的职责。然而，广东省又是经济大省，城镇化进程不断加快，各项非农建设用地的需求日益膨胀，人地矛盾突出，耕地数量短缺成了该省经济和社会可持续发展的瓶颈。通过土地整治带来的新增耕地是确保广东省粮食安全和耕地占补平衡及实现耕地总量动态平衡的重要手段。

广东省以农村土地整治为平台，通过田、水、路、林、村综合整治活动，着力提高土地综合效益、改善农村生产生活条件和生态环境、推动城乡统筹协调发展。广东省农用地整治主要分为土地整理和土地开发项目。土地整理是指采取平整土地、归并地块，建设灌溉、排水、道路、农田防护与生态环境保持设施等措施，通过综合整治农用地及其间的零星建设用地和未利用地等，提高耕地质量和增加有效耕地面积，提高农田集中连片程度，促进农田适度规模经营，改善农业生产条件和生态环境的活动。而土地开发则是指在保护和改善生态环境的前提下，以水土资源相匹配为原则，采取工程、生物等措施，扩大土地有效利用范围的土地整治活动。

据不完全统计，2001～2010 年广东省已完成土地整理项目共计 2200 多个，整理面积 23330 hm²，新增耕地面积 7860 hm²，整治陂头 600 个，总投资 584200 万元。1999～2010 年，广东省已完成土地开发项目 9078 个，建设规模 185130 hm²，新增耕地面积达 141370 hm²。

《土地利用总体规划（2010～2020 年）》农用地整治项目各区域分布结果显示：珠三角平原区实施项目总计 3175 个，占广东省项目总数的 27.9%；建设规模 88750 hm²，占广东省建设规模总量的 21.2%，新增耕地面积 31360 hm²，占广东省新增耕地面积的 21.0%。粤东沿海区实施项目 1236 个，占广东省项目总数的 10.9%；建设规模 45930 hm²，占广东省建设规模总量的 11.0%，新增耕地面积 13730 hm²，占广东省新增耕地面积的 9.2%。粤西沿海区实施项目 2843 个，占项目总数的 25.0%；建设规模 122080 hm²，占广东省建设规模总量的 29.2%，新增耕地面积 39326 hm²，占广东省新增耕地面积的 26.3%。粤西北山区实施项目 4118 个，占项目总数的 36.2%；建设规模 161683 hm²，占广东省建设规模总量的 38.6%，新增耕地面积 64821 hm²，占广东省新增耕地面积的 43.4%。由此可见，广东省四区域土地农用地整治项目分布数量、建设规模和新增耕地面积情况为：粤西北山区>珠三角平原区和粤西沿海区>粤东沿海区。

（1）广东农用地综合整治。据不完全统计，广东省待整治耕地面积为 219 万 hm^2，增加耕地潜力面积为 4.05 万 hm^2。

广东省待整治耕地面积为 219.43 万 hm^2，增加耕地潜力面积为 4.05 万 hm^2。根据耕地整治潜力分级划分标准，广东省各县（区、市）耕地整治潜力分级情况详见表 6-38。

表 6-38　广东省各地级市不同整治潜力等级面积　　　（单位：hm^2）

等级 地级市	合计	I 级区	II 级区	III 级区
广州市	973	0	713	260
深圳市	23	0	23	0
珠海市	225	0	157	68
汕头市	329	0	0	329
韶关市	2900	161	1431	1308
佛山市	500	303	194	3
江门市	2984	2551	421	12
湛江市	7763	5916	1847	0
茂名市	4302	4073	229	0
肇庆市	2092	220	1600	272
惠州市	2209	1231	978	0
梅州市	2400	339	1758	303
汕尾市	1425	798	596	31
河源市	1974	0	1974	0
阳江市	2770	2568	202	0
清远市	4119	2783	412	924
东莞市	239	0	239	0
中山市	160	0	160	0
潮州市	482	164	308	10
揭阳市	1359	277	1082	0
云浮市	1262	636	626	0
合计	40490	22020	14950	3520

引自《广东省土地整治规划（2011～2015 年）》

广东省耕地整治潜力分布情况：

I 级区增加耕地潜力为 2.20 万 hm^2，占广东省耕地整治增加耕地潜力面积的 54%，包括了 30 个县区，占广东省总县区数量的 24%，主要分布在：韶关市的曲江区；佛山市的三水区、高明区；江门市的台山市、开平市、恩平市；湛江市的雷州市、吴川市、遂溪县、徐闻县；茂名市的茂港区、高州市、化州市、信宜市、电白县；肇庆市的鼎湖区、德庆县；惠州市的惠城区、博罗县；梅州市的丰顺县；

汕尾市的陆丰市；阳江市的阳春市、阳西县、阳东县；清远市的英德市、佛冈县、清新区；潮州市的潮安县；揭阳市的揭东县；云浮市的罗定市。

Ⅱ级区增加耕地潜力为 1.49 万 hm²，占广东省耕地整治增加耕地潜力面积的 37%，包括了 59 个县区，占广东省总县区数量的 48%，主要分布在：广州市的番禺区、南沙区、萝岗区、从化市、增城市；深圳市；珠海市的斗门区；韶关市的南雄市、翁源县、新丰县；佛山市的禅城区、南海区；江门市的蓬江区、新会区、鹤山市；湛江市的赤坎区、霞山区、坡头区、麻章区、廉江市；茂名市的茂南区；肇庆市的端州区、高要市、四会市、广宁县、怀集县；惠州市的惠阳区、惠东县、龙门县；梅州市的梅江区、兴宁市、梅县、五华县、平远县；汕尾市的海丰县、陆河县；河源市的源城区、和平县、龙川县、紫金县、连平县、东源县；阳江市的江城区、海陵区、高新技术产业开发区；清远市的清城区；东莞市；中山市；潮州市的饶平县；揭阳市的榕城区、普宁市、揭西县、惠来县、东山区、经济开发试验区；云浮市的云城区、云安县、新兴县、郁南县。

Ⅲ级区增加耕地潜力为 0.35 万 hm²，占广东省耕地整治增加耕地潜力面积的 9%，包括了 34 个县区，占广东省总县区数量的 28%，主要分布在：广州市的越秀区、海珠区、荔湾区、天河区、白云区、黄埔区、花都区；珠海市的香洲区、金湾区；汕头市的金平区、龙湖区、濠江区、澄海区、潮阳区、潮南区、南澳县；韶关市的浈江区、武江区、乐昌市、仁化县、始兴县、乳源瑶族自治县；佛山市的顺德区；江门市的江海区；肇庆市的封开县；梅州市的蕉岭县、大埔县；汕尾市城区、红海湾；清远市的连州市、阳山县、连山壮族瑶族自治县、连南瑶族自治县；潮州市的湘桥区。

（2）广东省利用园地山坡地补充耕地开发。土地整理和土地开发多数来源于土地开发，主要是园地、山坡地等基础立地条件较差的区域。2008 年年底，广东省以"建设节约集约用地试点示范省，解决广东省土地资源利用问题"为契机，开始由外延式扩充用地的发展模式向内涵式挖潜用地的发展模式转变，全力推进节约集约用地。其中重要的一项专题内容就是利用园地山坡地补充耕地，通过利用自然条件较好、交通相对便利的低效园地、山坡地开发整理补充耕地破解土地制约瓶颈，开拓补充耕地的新途径，既能提高土地利用效益，又可有效地缓解人地矛盾。2008 年年底，以"十分珍惜、合理利用土地和切实保护耕地"的基本国策和温家宝要求广东省建设节约集约用地示范省的重要指示为指导思想，专项开展利用园地山坡地补充耕地的工作。利用园地山坡地补充耕地是根据土地利用总体规划和补充耕地专项规划，筹集各类社会资金以合资或独资的方式，由政府主导将未利用地、园地和山坡地改造为耕地的过程。

根据各县（区、市）调查统计汇总，广东省园地山坡地待整治面积为 13.39

万 hm², 增加耕地潜力面积为 11.03 万 hm²。以县级行政区为基本单元, 依据调查分析得出的园地山坡地整治增加耕地系数, 并结合省情及其他影响因素, 把广东省各县 (区、市) 的园地山坡地整治潜力分为三个等级 (表 6-39)。

表 6-39 广东省园地山坡地整治潜力分级标准表

整治潜力分级	I	II	III
增加耕地系数	≥85%	75%~85%	<75%

引自《广东省土地利用总体规划 (2006~2020 年)》

根据园地山坡地开发潜力分级划分标准, 广东省各县 (区、市) 园地山坡地开发潜力分级情况详见表 6-40。

表 6-40 广东省各地级市园地山坡地开发各级区增加耕地面积汇总 (单位: hm²)

等级 地级市	合计	I级区	II级区	III级区
广州市	3703	0	3551	153
深圳市	0	0	0	0
珠海市	426	0	426	0
汕头市	3931	867	3064	0
韶关市	2356	0	434	1923
佛山市	3643	0	3643	0
江门市	8272	1364	6909	0
湛江市	4803	3773	1031	0
茂名市	9142	8347	795	0
肇庆市	2775	800	1975	0
惠州市	12120	2224	9896	0
梅州市	26215	0	24974	1241
汕尾市	5350	4336	0	1013
河源市	805	0	805	0
阳江市	10886	10886	0	0
清远市	3597	0	3597	0
东莞市	0	0	0	0
中山市	386	0	0	386
潮州市	5243	0	5243	0
揭阳市	5635	3055	2580	0
云浮市	1037	0	0	1037
合计	110325	35652	68923	5753

引自《广东省土地利用总体规划 (2006~2020 年)》

广东省园地山坡地整治潜力分布情况如表 6-41 所示。

表 6-41 广东省园地山坡地开发潜力汇总表 （单位：hm²）

整治分区		待开发园地山坡地潜力	计增加耕地面积
粤东沿海农村土地综合整治区	汕头市	4875	3931
	潮州市	6637	5243
	揭阳市	6763	5635
	汕尾市	6341	5350
粤西北山区生态保护综合整治区	河源市	964	805
	清远市	4579	3597
	韶关市	3292	2356
	梅州市	32472	26215
	云浮市	1481	1037
粤西沿海农村土地综合整治区	茂名市	10336	9142
	湛江市	5424	4803
	阳江市	12213	10886
珠三角平原城镇发展综合整治区	广州市	4739	3703
	深圳市	0	0
	珠海市	536	426
	佛山市	4501	3643
	江门市	10016	8272
	肇庆市	3351	2775
	惠州市	14867	12120
	东莞市	0	0
	中山市	521	386
合计		133908	110325

引自《广东省土地利用总体规划（2006~2020 年）》

Ⅰ级区增加耕地潜力为 3.57 万 hm²，占广东省待整治园地山坡地增加耕地潜力总面积的 32%，包括了 24 个县区，县区数量占广东省县区总数量的 20%，主要分布在：汕头市的澄海区；江门市的开平市；湛江市的廉江市、雷州市、吴川市、遂溪县、徐闻县；茂名市的茂港区、高州市、化州市、信宜市、电白县；肇庆市的鼎湖区、四会市、德庆县；惠州市的惠东县；汕尾市的陆丰市、海丰县、陆河县；阳江市的阳春市、阳西县、阳东县；潮州市的潮安县；揭阳市的揭东县。

Ⅱ级区增加耕地潜力为 6.89 万 hm²，占广东省待整治园地山坡地增加耕地潜力总面积的 63%，包括了 74 个县区，县区数量占广东省县区总数量的 60%，主要分布在：广州市的花都区、从化市、增城市；珠海市的香洲区、斗门区、金湾区；汕头市的金平区、龙湖区、濠江区、潮阳区、潮南区、南澳县；韶关市的曲江区、南雄市、仁化县、翁源县、新丰县；佛山市的南海区、顺德区、三水区、高明区；江门市的蓬江区、新会区、台山市、鹤山市、恩平市；湛江市的赤坎区、霞山区、坡头区、麻章区；茂名市的茂南区；肇庆市的端州区、高要市、广宁县、封开县、怀集县；惠州市的惠城区、惠阳区、博罗县、龙门县；梅州市的梅县、蕉岭县、大埔县、丰顺县；汕尾市的红海湾；河源市的源城区、和平县、龙川县、紫金县、连平县、东源县；阳江市的江城区、海陵区、高新技术产业开发区；清远市的清城区、英德市、连州市、佛冈县、阳山县、清新区、连山壮族瑶族自治县；东莞市；潮州市的湘桥区、饶平县；揭阳市的榕城区、普宁市、揭西县、惠来县、东山区、经济开发试验区；云浮市的罗定市、云安县、新兴县、郁南县。

Ⅲ级区增加耕地潜力为 0.58 万 hm^2，占广东省待整治园地山坡地增加耕地潜力总面积的 5%，包括了 25 个县区，县区数量占广东省县区总数量的 20%，主要分布在：广州市的越秀区、海珠区、荔湾区、天河区、白云区、黄埔区、番禺区、南沙区、萝岗区；深圳市；韶关市的浈江区、武江区、乐昌市、始兴县、乳源瑶族自治县；佛山市的禅城区；江门市的江海区；梅州市的梅江区、兴宁市、五华县、平远县；汕尾市的城区；清远市的连南瑶族自治县；中山市；云浮市的云城区。

（3）广东省土地复垦恢复耕地生产效能。土地复垦开发长期以来受到广东省各级党委和政府的高度重视，已作为重要内容纳入了耕地保护目标考核。它不仅是国土整治和环境保护工作的重要组成部分，还是解决采掘、建材等工矿企业与农、林、牧、渔业争地的矛盾，防止环境污染，土地复垦取得实效，促进生态环境和宜居城乡建设的重要举措。

广东省土地复垦项目主要分为自然灾毁农田复垦项目和生产建设项目土地复垦两部分。自然灾毁农田复垦是指暴雨洪涝、地震、台风、干旱等引起的洪水、泥石流、崩塌、滑坡、干旱等自然灾害造成的土地损毁后的复垦。据不完全统计2002～2010 年，省财政共投入灾毁基本农田复垦省级补助资金 78684 万元，仅2007～2009 年，广东省实施灾毁农田垦复项目3312 个，计划垦复农田 5.21 万 hm^2，实际垦复 5.19 万 hm^2，新增基本农田面积 187.33 hm^2，修复灌溉站 1848 处。生产建设项目土地复垦是指露天采矿、烧制砖瓦、挖掘取土、地下采矿造成地表塌陷、堆放采矿剥离物、废石、矿渣和粉煤灰等固体废物，能源、交通、水利等基础设施建设和其他生产建设活动临时占用所损毁土地的复垦。1997～2010 年，广东省生产复垦项目主要完成金属矿区和公路、铁路建设用地复垦项目共计 65 个，复垦面积为 4061.32 hm^2，总投资为 52367.88 万元。复垦了一批关闭的矿山，对凡口铅锌矿、大宝山矿、云浮硫铁矿等一批矿山恢复治理等，复垦散乱破旧农村居民点 1000 hm²，不但提高了土地利用效率，而且大大改善了城乡环境，促进了生态系统恢复和宜居城乡建设。

广东省土地复垦项目投资情况显示：珠三角平原区投资 14306.39 万元，占总投资比例的 10.9%；粤东沿海区投资 11238.77 万元，占总投资比例的 8.6%；粤西北山区投资 64447 万元，占总投资比例的 49.2%；粤西沿海区投资 27007 万元，占总投资比例的 20.6%；其他项目（铁路和高速公路复垦项目）投资 14052.13 万元，占总投资比例的 10.7%。

生产建设项目土地复垦：根据各县（区、市）调查统计汇总，广东省因生产建设用地损毁土地待复垦面积为 2.72 万 hm²，增加耕地潜力为 0.36 万 hm²。以县级行政区为基本单元，依据典型案例分析得出的待复垦土地面积，并结合省情及其他影响因素，将其潜力分为三个等级（表 6-42）。

表 6-42　生产建设项目用地复垦潜力分级标准表

整治潜力分级	I	II	III
增加耕地系数	≥20%	10%～20%	≤10%

引自《广东省土地整治规划（2011～2015 年）》

根据分析统计，广东省待复垦生产建设活动损毁土地面积为 2.72 万 hm²，增加耕地潜力面积为 0.36 万 hm²。

广东省因生产建设用地损毁土地复垦增加耕地潜力为 0.36 万 hm²（表 6-43）。根据潜力分级划分标准，广东省各县（区、市）生产建设用地损毁土地复垦整治潜力分级情况见表 6-44。

广东省生产建设用地损毁土地复垦潜力分布情况：

I 级区增加耕地潜力为 0.03 万 hm²，占广东省待复垦生产建设活动损毁土地增加耕地潜力总面积的 9%，包括了 21 个县区，县区数量占广东省县区总数量的 17%，主要分布在：湛江市的赤坎区、霞山区、坡头区、麻章区、廉江市、雷州市、吴川市、遂溪县、徐闻县；茂名市的茂南区、茂港区、高州市、化州市、信宜市、电白县；阳江市的江城区、海陵区、高新技术产业开发区、阳春市、阳西县、阳东县。

II 级区增加耕地潜力为 0.22 万 hm²，占广东省待复垦生产建设活动损毁土地增加耕地潜力总面积的 61%，包括了 43 个县区，县区数量占广东省县区总数量的 35%，主要分布在：广州市的越秀区、海珠区、荔湾区、天河区、白云区、黄埔区、花都区、番禺区、南沙区、萝岗区、从化市、增城市；深圳市；珠海市的香洲区、斗门区、金湾区；佛山市的禅城区、南海区、顺德区、三水区、高明区；江门市的江海区、蓬江区、新会区、台山市、开平市、鹤山市、恩平市；肇庆市

表 6-43　广东省各地级市生产建设损毁土地复垦各级区增加耕地面积（单位：hm^2）

等级 地级市	合计	Ⅰ级区	Ⅱ级区	Ⅲ级区
广州市	333	—	333	—
深圳市	85	—	85	—
珠海市	142	—	142	—
汕头市	41	—	—	41
韶关市	219	—	—	219
佛山市	605	—	605	—
江门市	286	—	286	—
湛江市	113	113	—	—
茂名市	126	126	—	—
肇庆市	367	—	367	—
惠州市	291	—	291	—
梅州市	143	—	—	143
汕尾市	86	—	—	86
河源市	230	—	—	230
阳江市	98	98	—	—
清远市	159	—	—	159
东莞市	0	—	0	—
中山市	107	—	107	—
潮州市	18	—	—	18
揭阳市	57	—	—	57
云浮市	124	—	—	124
合计	3630	337	2216	1077

引自《广东省土地整治规划（2011～2015 年）》

的端州区、鼎湖区、高要市、四会市、广宁县、德庆县、封开县、怀集县；惠州市的惠城区、惠阳区、惠东县、博罗县、龙门县；东莞市；中山市。

　　Ⅲ级区增加耕地潜力为 0.11 万 hm^2，占广东省待复垦生产建设活动损毁土地增加耕地潜力总面积的 30%，包括了 59 个县区，县区数量占广东省县区总数量的 48%，主要分布在：汕头市的金平区、龙湖区、濠江区、澄海区、潮阳区、潮南区、南澳县；韶关市的浈江区、武江区、曲江区、乐昌市、南雄市、仁化县、始兴县、翁源县、新丰县、乳源瑶族自治县；梅州市的梅江区、兴宁市、梅县、蕉岭县、大埔县、丰顺县、五华县、平远县；汕尾市的城区、陆丰市、海丰县、陆河县、红海湾；河源市的源城区、和平县、龙川县、紫金县、连平县、东源县；清远市的清城区、英德市、连州市、佛冈县、阳山县、清新区、连山壮族瑶族自

表 6-44　广东省生产建设活动损毁土地复垦潜力汇总表　　（单位：hm^2）

整治分区		待复垦潜力
粤东沿海农村土地综合整治区	汕头市	414
	潮州市	175
	揭阳市	570
	汕尾市	859
粤西北山区生态保护综合整治区	河源市	2304
	清远市	1593
	韶关市	2194
	梅州市	1435
	云浮市	1237
粤西沿海农村土地综合整治区	茂名市	630
	湛江市	567
	阳江市	489
珠江三角洲平原城镇发展综合整治区	广州市	2220
	深圳市	568
	珠海市	946
	佛山市	4031
	江门市	1910
	肇庆市	2448
	惠州市	1940
	东莞市	0
	中山市	711
合计		27241

引自《广东省土地整治规划（2011～2015 年）》

治县、连南瑶族自治县；潮州市的湘桥区、潮安县、饶平县；揭阳市的榕城区、普宁市、揭东县、揭西县、惠来县、东山区、经济开发试验区；云浮市的云城区、罗定市、云安县、新兴县、郁南县。

　　金属矿区复垦为广东省生产复垦项目的主要建设内容之一，结合广东省矿产资源开采导致的损毁土地的类型、程度和可行性等因素及分布状况，重点治理粤西北山区的韶关市—清远市—河源市—梅州市、粤东沿海农村土地综合整治区的潮州市—揭阳市、粤西沿海农村土地综合整治区的阳江市—湛江市—茂名市及珠江三角洲平原城镇发展综合整治区的肇庆市等损毁大中小型矿山及其周边地区。到 2015 年，规划实现广东省历史遗留的矿山地质环境恢复治理率达到 40%以上，其中珠江三角达到 55%，其余地区大于 40%，完成环境保护与恢复治理的矿山总数达到 613 个以上。矿山土地复垦率达到 40%。矿山开发引发的地质灾害整治率达到 70% 以上。到 2020 年，实现广东省历史遗留矿山的地质环境恢复治理率达到 70% 以上，其中珠江三角洲达到 85%，其余地区大于 60%，矿山土地复垦率达到 70% 以上。矿山开发引发的地质灾害整治率达到 75% 以上（表 6-45）。

表 6-45　广东省矿山历史遗留损毁土地主要分布一览表

类型	主要分布区域
大中型矿山及其周边地区	仁化凡口铅锌矿、曲江大宝山多金属矿、清远建材、高要尚德瓷土矿、兴宁石膏矿、连平大顶铁矿、阳春石菉铜矿、阳春黑石岗硫铁矿、连南大麦山铜铅锌矿、云浮石矿、云浮硫铁矿、肇庆市四会马房石膏矿等
中小型矿山及其周边地区	乐昌、英德、连州、连山、蕉岭、梅县、兴宁、惠州（龙门、乌石）、东源临江、高要河台、四会（地豆、大沙）、云浮（九市、悦城、安塘、高村）、茂名锡矿、茂名高岭土矿、阳春（永宁、马水）等

引自《广东省土地整治规划（2011～2015 年）》

广东省土地整治工作共完成生产建设项目土地复垦 65 个，总投资达 52367.88 万元，复垦面积为 4061.32 hm²。其中，除铁路生产项目和 2 个项目是指高速公路生产项目的农田复垦外，其余 60 个项目均为金属矿场生产项目的农田复垦。粤东沿海区项目数最少，只有 1 个；粤西北山区项目数最多，达到 34 个，珠江三角洲平原区和粤西沿海区分别有项目 14 个和 11 个。珠江三角洲、粤东、粤西、粤北和"其他"总投资分别为 5386.39 万元、538.77 万元、7311.87 万元、25078.72 万元和 14052.13 万元。

自然灾毁农田复垦项目：根据规划期内广东省各地级市自然灾毁土地复垦面积，以市级行政区域为基本单元，结合广东省的整体情况及各个市的具体情况，以规划期内各地级市自然灾毁需复垦的土地面积分别占广东省总面积的比例划分为 3 个等级，具体如表 6-46 所示。

表 6-46　自然灾毁土地复垦潜力分级标准表

整治潜力分级	I	II	III
待复垦面积所占总面积比例	>8%	4%～8%	0～4%

引自《广东省土地整治规划（2011～2015 年）》

根据统计，广东省待复垦自然灾毁用地面积为 17.37 万 hm²，其中 I 级潜力区待复垦面积为 7.58 万 hm²，占广东省待复垦自然灾毁用地面积的 43%，主要包括湛江市、江门市和梅州市 3 个地级市；II 级潜力区待复垦面积为 6.19 万 hm²，占广东省待复垦自然灾毁用地面积的 36%，主要包括清远市、茂名市、韶关市、汕尾市、河源市和阳江市 6 个地级市；III 级潜力区待复垦面积为 3.59 万 hm²，占广东省待复垦自然灾毁用地面积的 21%，主要包括潮州市、揭阳市、肇庆市、汕头市、云浮市、惠州市、广州市、佛山市、中山市、东莞市和珠海市 11 个地级市；待复垦面积为 0 的包含 1 个市，为深圳市（表 6-47）。

表 6-47 广东省自然灾毁土地复垦潜力汇总表 （单位：hm²）

整治分区		待复垦废弃土地总面积
粤东沿海农村土地综合整治区	汕头市	4906
	潮州市	5354
	揭阳市	5433
	汕尾市	9882
粤西北山区生态保护综合整治区	河源市	9162
	清远市	13153
	韶关市	9838
	梅州市	14353
	云浮市	4581
粤西沿海农村土地综合整治区	茂名市	10880
	湛江市	45666
	阳江市	8963
珠江三角洲平原城镇发展综合整治区	广州市	2726
	深圳市	0
	珠海市	236
	佛山市	1649
	江门市	15825
	肇庆市	5436
	惠州市	4131
	东莞市	660
	中山市	826
合计		173660

引自《广东省土地整治规划（2011～2015 年）》

广东省自然灾毁土地复垦潜力分级见表 6-48。

2）新增农田重点建设

（1）土地整治。**损毁土地改良改造技术**：损毁土地是指自然或人为因素导致土地表土丧失或整个土地毁坏而造成土地第一生产力的丧失。损毁土地改良改造工程是通过工程技术手段对损毁土地进行改良改造使其恢复成可利用的有效土地，包括生境建设和群落建设两大内容。生境建设是对地貌的重塑和土壤改良培肥，其核心在于"造地"，为生物群落建造一个良好的生境。群落建设则包括植被重建和引入土壤微生物及动物，其核心内容是植被。对于凹型地貌的重塑，通常采用填充和客土的方式。对于凸型地貌重塑则采用土地平整、建梯田的方式。

表 6-48　广东省各地级市自然灾毁土地复垦潜力分级表

地级市	自然灾毁土地复垦面积/hm²	所占比例/%	潜力分级
广州市	2726	1.57	III
珠海市	236	0.14	III
汕头市	4906	2.82	III
韶关市	9838	5.67	II
佛山市	1649	0.95	III
江门市	15825	9.11	I
湛江市	45666	26.30	I
茂名市	10880	6.27	II
肇庆市	5436	3.13	III
惠州市	4131	2.38	III
梅州市	14353	8.26	I
汕尾市	9882	5.69	II
河源市	9162	5.28	II
阳江市	8963	5.16	II
清远市	13153	7.57	II
东莞市	660	0.38	III
中山市	826	0.48	III
潮州市	5354	3.08	III
揭阳市	5433	3.13	III
云浮市	4581	2.64	III

引自《广东省土地整治规划（2011～2015 年）》

低标准用地提升工程：低标准农业用地变为高标准农业用地工程是通过对山、水、田、林、路的综合治理，使项目区的农业基础设施得到全面的改善和提高，达到发展现代农业的基本要求，使其能达到或基本达到：水源覆盖实现方田化，灌溉实现节水化，秸秆实现还田化，耕作实现机械化，施肥实现配方化，种子实现良种化，田间道路实现沙石化，农田林网实现网格化，田间种植实现规范化，农产品实现无公害化。

RS（remote sensing，遥感）、GIS、GPS 等 3S 技术方法：RS 主要用于数据的获取和整治后的监测；GIS 的空间分析依然是定量研究土地整治问题的工具和平台；测绘技术可以为土地整理提供科学的设计图，通过测绘得到土地的位置、数量、形状等重要信息。此外，新一轮土地开发整理规划的编制也采用了 3S 技术。用 RS 系统获取要开展土地开发整理区域的土地利用现状数据信息；用 GIS 系统管理土地开发整理的数据；用 GPS 测绘技术对土地开发整理项目进行补充。RS

对地观测具有现时性、覆盖范围广、周期性等特点，主要应用在土地整治的监管和评价这一阶段，能快速准确地反映土地整治中土地资源利用的变化情况。

（2）园地山坡地改造工程。园地山坡地改造是在符合生态环境保护要求和充分论证的前提下，科学实施工程和生物措施，积极对 25°以下宜治理的坡耕地进行水土流失综合整治，整理开发部分低效园地、山坡地为耕地。按项目管理规定，新增加的耕地主要用于稳定规划期间的耕地保有量和耕地占补平衡，并不断提高耕地质量和产能。针对园地山坡地补充耕地的限制因素"水、肥、田林路"等，建立相应的水利工程，水利工程的主要目标是解决水源问题。对于无长期稳定水源供给的地区，解决水源果问题的首选措施是到项目区附近的水库、河流引水。如果周围无充足水源或地形复杂，引水投资过大，只有选择在项目区打井灌溉。但要注意做好地下水的勘察工作，充分论证打井的可行性。解决了水源问题，剩下的问题就是建立引水工程，在项目区内建灌排系统及一些水工设施。山地丘陵荒山荒地的土壤改良措施与地形平坦的园地土壤改良措施不同。山地丘陵荒山荒地的土壤表层较薄，土壤质地一般较砂，氮、磷、钾养分含量较低，保水、保肥能力差，坡度大，易水土流失。土壤改良的措施主要是结合田块整治、梯田建设，防止水土流失；实施客土工程，增加耕层厚度及土壤黏度，保肥保水；多施含氮、磷、钾多的有机无机肥，提高土壤肥力。

（3）矿区废弃地的复垦。复垦技术一般包含生物复垦和工程复垦两大方面。

工程复垦技术是指工程复垦中，按照所在地区自然环境条件和复垦地利用方向的要求，对废弃地采用矸石充填、粉煤灰充填、挖深垫浅等手段进行回填、堆垒和平整，并采取必要的防洪、排涝及环境治理等措施。采场排土中有内排工艺技术和外排工艺技术，覆土时有机械覆土技术和水力复垦技术。

剥离-采矿-复垦一体化工程技术：剥离-采矿-复垦一体化工程技术指在编制矿山采掘计划时，综合考虑生产供矿和土地复垦要求融复垦与采矿于一体，统筹规划采剥作业与复垦覆土作业。该技术是采矿工艺的有机构成，是矿区土地复垦与采矿工程最直接有效的结合形式，适用于大矿山、地形较平坦的矿区。该技术的关键在于对采场复垦进行远景规划和实施方案设计搞清能用于复垦的表土量及其平面位置与采出时间，确定采场表土层剥离和复垦参数。

目前常采用的剥离-采矿-复垦一体化工程技术，主要应用条带剥离、强化采矿、条带复垦及循环道路等先进技术，即首先将矿区划分为若干区段，在每个区段中划分剥离条带，每年根据剥离量具体确定剥离位置及条带数量。同时，采矿作业采取条带开采，采场外部进行配矿及强化采矿等先进技术。然后，利用大型铲运机将剥离的条带岩石和表土"剥皮式"分开铲装，沿着循环道路运行，在复垦条带分别按顺序"铺洒式"排放，岩石排放在下部，表土排放在上部，并利用大型平地机进行平整，一次达到复垦的土地标准要求；从而"边开采，边复垦"，实现"采掘-运输-排弃-整形-复垦"的良性循环。

地表整形工程技术：地表整形工程技术指对复垦土地地形地貌的整理，以适于农业开发。主要包括：①梯田法复垦技术，即沿等高线平整矿区塌陷土地，改造成环形宽条带水平梯田或梯田绿化带，一般适用于潜水位较低的沉陷区、积水沉陷区的边坡地带、井工矿矸石山、露天矿剥离物堆放场等。梯田平台应修整为略向内倾的反坡，以挡蓄雨水保持水土。梯坎高度与田面宽度，则应根据地面坡度、土层薄厚、工程量大小、种植作物种类、耕种机械化程度等因素综合确定。②疏排法复垦技术，即在地面标高高于外河水位的沉陷区，通过强排或自排的方式疏干积水后复垦，一般适用于我国河湖水系比较发达的地区，该技术的关键在于疏排水方案的选择及排水系统的设计，并需重点防洪、除涝和降渍。③挖深垫浅法复垦技术，即将积水沉陷区下沉较大的区域再挖深，形成水塘，用于养鱼、栽藕或蓄水灌溉，再用挖出的泥土垫高开采下沉较小地区，达到自然标高，经适当平整后作为耕地或其他用地，从而实现水产养殖和农业种植并举的目的，一般适用于局部或季节性积水的塌区。④泥浆泵充填复垦技术，即模拟自然水流冲刷原理，运用水力挖塘机组将塌陷地低洼处的沙土冲成泥浆，然后用泥浆泵抽进要平整的地域内，沉淀后成为耕地，主要适用于常年积水且洼地多砂质良土的沉陷区，由于该技术从本质上讲是一类特殊的挖深垫浅法复垦技术，所以也被称作泥浆泵挖深垫浅复垦技术。

表土转化及客土覆盖：表土转换为维持质地好、易培肥的土壤剖面，在采矿前先把表层（30cm）及亚表层（30～60cm）土壤取走并加以保存，待工程结束后再放回原处。这样虽破坏了植被，但土壤的物理性质、营养条件与种子库基本保持原样，本土植物能迅速定居。该技术的关键在于表土的剥离、保存和复原，应尽量减少对土壤结构的破坏和养分的流失。

客土覆盖：废弃地土层较薄时，可采用异地熟土覆盖，直接固定地表土层，并对土壤理化特性进行改良，特别是引进氮素、微生物和植物种子，为矿区重建植被提供了有利条件，该技术的关键在于寻找土源和确定覆盖的厚度，土源应尽量在当地解决。也可考虑底板土与城市生活垃圾、污水污泥；覆土厚度则依废弃地类型、特点及复垦目标而定，一般覆土5～10cm即可。

生物复垦技术：生物复垦是指在恢复的土地上选种适宜作物，形成景观好、稳定性高和具有经济价值的植被面。其核心内容主要包含于林业复垦中，即包括被破坏土地的生物适宜性评价、复垦土壤改良技术、人工林营造、促进生长技术、植物物种选择技术和施肥、种子丸衣、菌根、吸水剂增产等复垦增产技术，特别是先锋植物促生微生物与植被联合恢复技术等已在上文中详细介绍。

3. 后备耕地资源调查及挖掘

1）全面调查后备耕地资源，确定待整治未利用地面积

根据广东省 2008 年各县（区、市）后备耕地资源调查，结合后备资源的类型、数量、质量和分布，分析土地开发的可能性及对生态环境产生的影响，通过对土地开发潜力的分析，进一步提出整治开发的措施。

影响未利用地整治潜力的自然要素主要有地貌条件、水源条件和土壤条件等，由于未利用地具有多宜性，质量越好的未利用地，适宜性越宽，因此测算应根据就高不就低的原则，只对未利用地的主宜类进行分析评价。本专题结合后备耕地资源调查的数据，将待整治耕地后备资源类型划分为一等地、二等地及三等地。其中，关于一等地、二等地及三等地的界定如下。

一等地：开发、复垦和整理条件好，无或一种限制因素，且限制程度低，不需或略需改良，成本低；开发、复垦和整理后作物产量高，供食用的农副产品能够达到国家食用卫生标准（含饲料作物，下同），非食用的作物产品质量合格；在正常利用下，不会产生土地退化和给邻近土地带来不良后果。

二等地：开发、复垦和整理条件中等，有一或两种限制因素，限制强度中等，需要采取一定改良或保护措施，成本中等；开发、复垦和整理后作物产量中等，供食用的农副产品能够达到国家食用卫生标准，非食用的作物产品质量合格；如利用不当，对生态环境有一定的不良影响。

三等地：开发、复垦和整理条件较差，有多种限制因素，且限制强度大，改造困难，需要采取复杂的工程或生物措施，成本较高；开发、复垦和整理后作物产量低，供食用的农副产品能够达到国家食用卫生标准，非食用的作物产品质量合格；如利用不当，对土地质量和生态环境有较严重的不良影响。

依据广东省 2008 年耕地后备资源的调查分析，确定各等级用地的利用方向。其中一等地对耕作无限制或限制小，质量好，此类土地坡度较小，土层较厚，水分条件较好，地形平缓，略加改造即可，开发后易建成基本农田，在正常利用条件下，可取得较高的产量，不会对当地或附近地区造成土壤退化等不良后果；二等地受地形、土壤和水分等因素的一定限制，对耕作有较大的限制，质量差，只有采取严格的保护措施才能进行农业生产，否则易发生土壤退化，影响当地和附近地区的生态环境，因此是最适于林木生产的用地；三等地，有多种限制因素，且限制强度大，改造困难，需要采取复杂的工程或生物措施，成本较高，不适宜开垦为耕地。

综上所述，一等地最适宜开发为耕地，因此，选择后备耕地资源中的一等地作为规划期间待整治的未利用地面积。根据调查数据，待整治未利用地的潜力面积为 4.47 万 hm^2（表 6-49）。

表 6-49　广东省各地级市待整治耕地后备资源各等级土地面积　　（单位：hm²）

地级市	合计	一等地			二等地			三等地		
		小计	国有	集体	小计	国有	集体	小计	国有	集体
广州市	375	149	18	131	73	11	62	153	8	145
韶关市	11456	2383	240	2142	5663	682	4981	3410	1272	2138
潮州市	1424	208	0	208	669	0	669	547	0	547
梅州市	19197	2235	11	2224	16660	340	16320	302	0	302
肇庆市	17772	2627	108	2519	9729	962	8767	5416	1947	3469
中山市	110	13	0	13	26	6	20	71	68	3
茂名市	4510	1789	610	1179	1834	738	1096	887	6	881
清远市	43648	2891	488	2403	11149	751	10398	29608	1185	28423
汕尾市	18297	4006	277	3729	6431	489	5942	7860	509	7351
佛山市	418	3	0	3	219	5	214	196	0	196
湛江市	42553	19081	9784	9297	17335	11936	5399	6137	5084	1053
河源市	14264	3620	173	3447	8808	334	8474	1836	18	1818
江门市	6067	237	0	237	5830	2788	3042	0	0	0
云浮市	4996	1935	354	1581	1721	112	1609	1340	116	1224
惠州市	3563	242	3	239	2326	838	1488	995	270	725
揭阳市	3742	643	0	643	2280	124	2156	819	14	805
阳江市	26555	2655	133	2523	18588	929	17659	5311	266	5045
合计	218947	44717	12199	32518	109341	21045	88296	64888	10763	54125

引自广东省 2008 年耕地后备资源调查相关资料

2）通过实地调查及案例分析，确定增加耕地系数

根据耕地后备资源调查的数据，以及不同等级用地的界定，确定待整治未利用地的潜力规模。同时，通过实地调查，结合地形坡度、土壤质地、土壤盐分质量分数、土壤有机质质量分数、土层厚度、灌溉条件、水土流失强度等因素综合考虑，并结合往年案例进行分析，测算增加耕地的系数（表 6-50）。

表 6-50　广东省各县（区、市）未利用地整治增加耕地系数表

地级市	增加耕地系数	地级市	增加耕地系数	地级市	增加耕地系数
广州市	0.75	江门市	0.83	汕尾市	0.68
深圳市	0.75	湛江市	0.86	河源市	0.74
珠海市	0.77	茂名市	0.86	阳江市	0.81
汕头市	0.73	肇庆市	0.76	清远市	0.69
韶关市	0.73	惠州市	0.80	东莞市	0.60
佛山市	0.74	梅州市	0.70	中山市	0.65
江门市	0.75	汕尾市	0.78	潮州市	0.74
揭阳市	0.77	云浮市	0.73		

引自《广东省土地整治规划（2011～2015 年）》

待整治未利用地整治增加耕地面积测算。根据待整治未利用地面积及增加耕地系数，测算出未利用地整治开发潜力。

计算公式如下：

$$\Delta S = \sum_{i=1}^{n}\left(a_i \times S_i\right) \quad (i=1,\ \cdots,\ n)$$

式中，ΔS 为未利用地整治增加耕地面积；a_i 为 i 县未利用地整治的增加耕地系数；S_i 为 i 县待整治未利用地面积；n 为省域县个数。

根据上述公式，可测算出广东省通过未利用地整治，可增加的耕地面积见表 6-51，各县（区、市）未利用地开发潜力见表 6-52。

表 6-51　广东省未利用地整治增加耕地潜力面积表　　　　（单位：hm²）

区域	未利用地待整治面积	增加耕地面积			
		小计	Ⅰ级区	Ⅱ级区	Ⅲ级区
珠江三角洲平原地区	3271	2516	0	1465	1051
粤东沿海地区	4858	3187	0	917	2270
粤西沿海地区	23525	20154	16437	3412	306
粤西北山区	13064	9261	0	1165	8096
合计	44718	35118	16437	6959	11723

引自广东省 2008 年耕地后备资源调查及专项问卷调查等相关资料

3）后备土地资源挖掘

在现有工程和生物技术水平条件下，针对广东省未利用地接近开发殆尽和山坡地开垦不可回避的生态风险现实，向海洋、海涂要土地资源历来是沿海国家和地区开拓土地空间的普遍做法，只要能够妥善处理环境保护相关问题，其风险远远小于山坡开垦。广东省有 3 倍于土地面积的海洋国土长期处于低效利用状态，且海岸线长、沿海滩涂多，在改善海洋开发利用条件、提高利用效益和效率的同时，应该因地制宜地将其开发为重要的土地后备资源。围垦海域、海涂造地，既可以作为未利用地，在依法报批建设用地时，不需要占用耕地；又可以通过垦造和培肥作为补充耕地或者建成标准鱼塘，而且属于国有土地，不存在其他类型土地整治无法回避的权属问题，具有多方面优势。因此，土地整治要加强与海洋功能区规划协调，特别是在河口地区和岛群地区，要与航道建设与海域整治相结合，积极开展测绘、堆填实验和组织围垦，以有效地保障经济社会发展的用地需求。

表 6-52　广东省未利用地开发潜力汇总表　　　（单位：hm²）

整治分区		待开发未利用地总面积	增加耕地面积
粤东沿海农村土地综合整治区	汕头市	0	0
	潮州市	208	155
	揭阳市	643	515
	汕尾市	4007	2518
粤西北山区生态保护综合整治区	河源市	3620	2615
	清远市	2891	2017
	韶关市	2383	1680
	梅州市	2235	1533
	云浮市	1935	1415
粤西沿海农村土地综合整治区	茂名市	1789	1579
	湛江市	19081	16412
	阳江市	2655	2164
珠江三角洲平原城镇发展综合整治区	广州市	149	112
	深圳市	0	0
	珠海市	0	0
	佛山市	3	2
	江门市	237	195
	肇庆市	2627	2005
	惠州市	242	193
	东莞市	0	0
	中山市	13	8
合计		44718	35118

引自《广东省土地整治规划（2011~2015 年）》

4. 农田生态建设和环境保护重点建设

1）基本农田生态功能布局

按照《广东省土地利用总体规划（2006~2020 年）》的基本农田布局，结合区域社会经济发展并与之相协调，确定不同区位条件下的基本农田适宜功能，城市近郊区的应该体现其隔离功能，生态脆弱地区的应该凸显其生态功能，生产条件好、自然承载力高的地区应该优化其生产功能。规划期内，结合广东省主体功能区及城镇发展定位，在珠江三角洲核心区及其他城市中心区外围的 27 县（市、区）布局基本农田保护区，体现基本农田的隔离功能，并强化城市菜篮子工程建设，严格控制"三废"污染，提高农田综合质量，塑造都市近郊生态景观与生态农业，同时发挥基本农田对城市无序蔓延的限制功能。其他区域根据区域生产、生态条件充分发挥基本农田的生产、生态复核功能，以提高耕地质量、农业综合生产能力和提升耕地生态服务功能为主，加强与促进优质农田的集中连片，构建集水土保持、生态涵养、特色农业生产为一体的多效益农田。广东省基本农田复合功能分布详见表 6-53。

表 6-53　广东省基本农田功能分布一览表

功能区	涉及县（市、区）
隔离功能	韶关市的武江区、浈江区、曲江区；清远市的清新区、清城区；湛江市的麻章区、坡头区、霞山区；阳江市；江城区；茂名市；茂南区；梅州市的梅县、梅江区；潮州市的潮安县、湘桥区；汕头市的潮阳区、澄海区、龙湖区、濠江区；揭阳市；榕城区；河源市的源城区；惠州市的惠城区、惠阳区；肇庆市的鼎湖区、端州区；江门市的新会区、江海区；佛山市；广州市；中山市；珠海市；东莞市；深圳市
生态功能	韶关市的乐昌市、乳源县、始兴县、南雄市、翁源县；清远市的连州市、连南县、阳山县；肇庆市的怀集县、四会市；云浮市的云安县；茂名市的信宜市、高州市；阳江市的阳春市、阳东县；湛江市的廉江市；江门市的恩平市、台山市的川山群岛；惠州市的龙门县；河源市的连平县、东源县；汕尾市的海丰县；汕头市的南澳县
生产功能	隔离功能与生态功能之外的其他地区

引自《广东省土地利用总体规划（2006～2020 年）》

2）区域生态格局构建

（1）生态功能保护区工程。建设并完善 6 个生态区、23 个生态亚区和 51 个生态功能区。主要建设 4 个陆域生态控制区：粤北南岭山区、粤东凤凰—莲花山区、粤西云雾山区和珠江三角洲环形屏障区，形成陆域生态屏障。陆域生态控制区是全省生态公益林的主要建设区域，要严格控制林木开发，优先选用乡土物种，维持自然生境，维护控制区内生态系统的自然演替，保存良好的自然生态系统。建设 4 个海域生态控制区：大亚湾-稔平半岛区、珠江口河口区、韩江出海口-南澳岛区和九洲江河口区，形成海域生态屏障。海域生态控制区内严格控制陆源污染，严格保护近岸海域红树林等湿地，并采取措施促进生态恢复，保护水生生物繁衍生息的良好环境。自然保护区工程建设："十一五"期间，新建各类自然保护区 125 个（湿地自然保护区 29 个），其中国家级 8 个，省级 18 个，市县级 99 个，总面积 26.13 万 hm²，2020 年陆域自然保护区占全省土地面积的比例达到 10%，近岸海域自然保护区总面积占全省近岸海域面积的比例分别达到 5%、6%，初步形成生态良好的土地利用格局。

（2）沿海生态防护工程。建设沿海防护林 22.14 万 hm²，其中，新造红树林 1 万 hm²，封山育林 8.74 万 hm²，改造低效林 12.13 万 hm²，对 0.27 万 hm² 的废弃养殖塘实施退塘还林。同时，抓好全省现有 1 万 hm² 红树林的保护管理，促使其天然更新和演替，逐步恢复全省红树林群落。

（3）水源涵养区生态保护建设。重点保护北江、东江、西江、韩江、潭江、绥江、鉴江、九洲江、南渡河、漠阳江、流溪河、增江、沧江河、西枝江、连江等支流中上游的集水区及主要水库的集水区。到 2020 年，水源涵养区水土流失治理率达 95%，区内森林覆盖率保持 70%以上。

（4）水土保持及石漠化综合治理。继续开展珠江防护林工程，抓好东江、西江、北江、韩江流域水源涵养林建设，启动鉴江、榕江、漠阳江、潭江流域水源涵养林建设，加快大中型水库库区水源涵养林建设，提高森林涵养水源的生态保护功能。"十一五"期间，建设水源涵养林 62.93 万 hm^2，其中改造面积 10.67 万 hm^2，封山育林面积 52.27 万 hm^2。在水土流失较为严重、有沟蚀和崩岗，以及石漠化的地区，规划建设水土保持林 30.13 万 hm^2，其中改造面积 5.53 万 hm^2，封山育林面积 24.6 万 hm^2。

（5）绿色通道及农田林网工程。继续推进铁路、国道、省道、高速公路和农田林网等沿线绿化，构筑覆盖全省的绿色森林网络。"十一五"期间进行线路绿化 4.8 万 km，通道两侧山地绿化 30.13 万 hm^2。实施农田林网建设，建设农田防护林 5.47 万 hm^2，使全省平原区的路、沟、渠、堤及适宜造林的农田林网带基本绿化，布局合理，森林生态防护效益显著提高，农业生态状况得到明显改善。

3）生态环境整治与污染控制

（1）水土流失治理。到 2020 年，新增治理水土流失治理面积 60 万 hm^2，水土保持设施建设达到防御 20 年一遇的防洪标准，人为水土流失现象得到完全控制。

（2）矿山地质环境保护与恢复治理。到 2010 年，历史遗留矿山的矿山地质环境恢复治理率达到 40%以上，其中珠江三角洲达到 55%，其余地区大于 40%，矿山土地复垦率达到 30%，矿山开发引发的地质灾害整治率达到 65%。到 2020 年，历史遗留矿山的矿山地质环境恢复治理率达到 90%以上，土地复垦率达到 60%以上，矿山开发引发的地质灾害整治率达 75%以上。

（3）农村环境整治及土壤污染防治。结合新农村建设，促进农村垃圾、污水等污染物处理和"脏、乱、差"问题的解决。科学调整农业产业结构，建立科学的种植制度和生态农业体系，减少化肥、农药和类激素等化学物质的使用，减轻农业面源污染，加强畜禽养殖污染防治，合理调整种植种类，严格控制主要粮食生产和菜篮子基地的污灌，综合治理和修复重金属、持久性有机污染物超标的耕地，确保农业生产环境安全。

参 考 文 献

广东省国土资源厅. 2009. 广东省土地利用总体规划(2006～2020 年).

广东省国土资源厅. 2013. 广东省土地整治规划(2011～2015 年).

中华人民共和国国家发展和改革委员会. 2009. 全国新增 1000 亿斤粮食生产能力规划（2009～2020 年）.

第七章 广东省耕地质量建设趋势分析及技术预测

第一节 广东省耕地质量建设趋势

一、化肥农药减量控制化

为贯彻落实中央农村工作会议、"中央一号"文件和全国农业工作会议精神,紧紧围绕"稳粮增收调结构,提质增效转方式"的工作主线,大力推进化肥减量提效、农药减量控害,积极探索产出高效、产品安全、资源节约、环境友好的现代农业发展之路,农业部制定了《到 2020 年化肥使用量零增长行动方案》和《到 2020 年农药使用量零增长行动方案》。

1. 化肥使用量零增长

针对我国化肥使用亩均施用量偏高、施肥不均衡、有机肥资源利用率低、施肥结构不平衡等特点,通过实施化肥使用量零增长行动,推进农业"转方式、调结构"的重大措施,实现促进节本增效、节能减排的现实需要。广东省化肥施用同样存在着肥料品种结构不合理、施肥技术落后、肥料管理制度不健全等相关问题。过量施肥、盲目施肥不仅导致耕地基础地力低下,增加农业生产成本、浪费资源,还造成耕地板结、土壤酸化等一系列问题。广东省实现化肥使用量零增长,要注意推进科学施肥,减少不合理化肥投入,提高主要农作物化肥利用率。深入推进测土配方施肥,继续做好采土测试、田间试验等基础工作,开展配方肥补贴试点示范,扩大测土配方施肥专业化服务规模,因地制宜开展统测、统配、统供、统施等"四统一"专业化服务。开展不同作物配方肥示范展示,加快测土配方施肥信息化应用,推动全省项目县普及触摸屏和手机信息服务,以现代化信息手段全面提升主要农作物科学施肥水平。推广新肥料新技术,加快高效缓释肥、水溶性肥料、生物肥料、土壤调理剂等新型肥料的应用,有效利用有机肥资源,推广秸秆还田,鼓励和引导农民积造施用农家肥、商品有机肥,提高有机肥资源利用水平。

具体措施:稳氮、调磷、补钾,配合施用硼、钼、镁、硫、锌、钙等中微量元素。主要措施:推广秸秆还田技术,注重沼肥、畜禽粪便合理利用,恢复发展冬闲田绿肥种植;推广配方肥、增施有机肥,注重利用钙镁磷肥、石灰、硅钙等碱性调理剂改良酸化土壤，山地高效经济作物和园艺作物推广水肥一体化技术。

2. 农药使用量零增长

针对农药使用量较大，施药方法不够科学，带来生产成本增加、农产品残留超标、作物药害、环境污染等问题，加快建立资源节约型、环境友好型病虫害可持续治理技术体系，力争到2020年农作物农药使用量实现零增长。按照"控、替、精、统"的技术路径，控制病虫发生危害，推进高效低毒低残留农药替代高毒高残留农药和高效大中型药械替代低效小型药械，推行精准施药，实施病虫统防统治，推进绿色防控，提高防治效果，实现农药减量控害。计划在10个市、县开展主要农作物农药减量控害技术集成配套示范，发挥示范带动作用。加强农药使用安全风险监控和农药残留监控。继续抓好全省24个水稻、果树、蔬菜、茶叶安全用药示范区建设，实行整村整片推进，提高科学用药水平。大力推广高效低毒低残留农药和高效大中型药械，因地制宜发展航空植保，提升病虫防治效率和效益。组织开展技术协作攻关，研究制定主要作物病虫全程防控技术方案，最大限度地减少单位农田农药使用量。加强农药安全科学使用的宣传培训，计划组织开展农药安全科学使用技术巡回培训活动100场次，重点培训农业生产企业、专业合作组织、种植大户、机防队员和镇（村）技术人员，培养一批识病虫、懂农药、会器械、能操作的新型农民。

具体措施：广东省主要为双季稻种植区，是水果、茶叶、甘蔗等优势产区和重要的冬季蔬菜生产基地。该区域是常年境外"两迁"害虫迁入我国的主降区，也是稻瘟病、南方水稻黑条矮缩病、柑橘黄龙病、小菜蛾、豆荚螟、甘蔗螟虫等多种病虫害易发重发区。重点推行绿色防控与统防统治融合发展。水果、茶叶、冬季蔬菜生产基地重点推广灯诱、色诱、性诱、生态调控和生物防治措施。

二、农业生态可持续化

农业部《全国农业可持续发展规划（2015～2030年）》综合考虑各地农业资源承载力、环境容量、生态类型和发展基础等因素，将全国划分为优化发展区、适度发展区和保护发展区等三大区域，广东省属于优化发展区。农业生态可持续化主要取决于农业系统内的生物种类和结构的多样性，这在抗御外界干扰和自然灾害、维护生态系统的稳定和自我恢复方面有着重要意义。广东省农业生态综合开发的目的就是建立一个高效、和谐的人工复合生态系统。

1. 复合生态农业开发-山丘立体开发

红壤丘陵区地貌复杂，随着农业开发的迅速推进，以往以种植业为主的平面开发越来越多地转向立体农业开发。通常采用的结构模式为"林-果-茶-草-牧-渔-沼气"。这种复合生态农业开发类型，根据山丘岗地自然资源和物种生长特性，在高坡处栽种果树、茶树；在缓平岗坡地引种优良牧草，发展畜牧业，饲养奶牛、山羊、禽等草食性畜禽，利用其粪便发展沼气和养鱼；在山谷低洼处开挖鱼塘，实行立体养殖，利用塘泥回田作肥料。这种以畜牧业为主的生态良性循环模式无"三废"排放，对于每个层段（亚系统）来说，作物布局应以提高土壤水肥利用率、充分利用土地资源、增加经济效益及改善生态小环境为目标，实行地块立体农业布局。立体开发模式包括农林混作、果农间作、农（果）肥间套作、不同作物间套作等，使高矮、生育期、营养需求不同的植物形成适生互补的共生群落。利用自然资源优势，获得了较好的经济效益，又保护了生态环境。

2. 复合生态农业开发-地块立体开发

对于每个层段（亚系统）来说，作物布局应以提高土壤水肥利用率、充分利用土地资源、增加经济效益及改善生态小环境为目标，实行地块立体农业布局。立体开发模式包括农林混作、果农间作、农（果）肥间套作、不同作物间套作等，使高矮、生育期、营养需求不同的植物形成适生互补的共生群落。包括合理间套作、轮作复种、稻田种养结合。

三、生态农业产业引导化

1. 生态农庄旅游观光模式

这种模式是以农业为载体，集生态旅游、休闲娱乐、旅游购物、绿色消费等于一体的新型生态农业模式。该模式一般具有种植、养殖、加工、流通体系，实行种养和产供销、旅游一体化经营，而且发展具有各自特色的主导产业，其主要类型有种植型、养殖型、种养结合型、生态观光型等模式。这种模式体现了从传统农业生产方式到新的生产方式的转变，实现对自然环境的保护，农业产品附加值的提高，从而实现生态农业的可持续发展。

广东省丘陵山区比较典型的模式有梅州雁南飞茶园、大埔的西岩茶场，其以茶叶种植生产、加工为主，利用茶园良好的生态环境，发展特色旅游业。广州水果世界以水果产业带动水果文化、观光旅游。陈村花卉世界通过花卉、园林苗木种植和展示带动观光旅游，从而带动花卉品牌和产业。广州南沙百万葵园，通过葵花及其他主题花卉的种植，带动主题观光旅游。

2. 产业引导型生态农业模式

这一模式通过龙头企业、示范基地、优势产业、专业市场、技术协会等的辐射带动作用，形成一个区域性的农业产业体系。

1）畜牧业带动型的"温氏模式"

广东温氏食品集团有限公司创立于 1983 年，是一家以养鸡业、养猪业为主导、兼营生物制药和食品加工的多元化、跨行业、跨地区发展的现代大型畜牧企业集团，目前已在全国 20 个省（市、自治区）建成 110 多家一体化公司。形成了以养鸡、养猪为主，以养牛、养鸭、种植蔬菜为辅，以动物保护产品、加工、肥料加工、贸易、农牧设备为配套的十大业务体系。

2）水果产业带动型模式

德庆贡橘，四会砂糖橘，高州龙眼、荔枝、香蕉，梅州的金柚等都是比较典型的通过水果产业带动区域生态农业发展的成功模式。这些模式通过政府的规划实施区域化布局、基地化生产；通过政府的合理引导建立新型农业合作组织，成立水果生产协会和销售网络，以"公司+协会+农户"的经营模式解决了果农和协会会员的产品生产、销售问题；通过应用农业标准化生产技术，打造获国家 A 级绿色食品认证的品牌，建立优化的种植、流通、产品深加工、销售产业链，实现基地化、规模化、产业化发展。

第二节 广东省耕地质量建设技术预测

一、资源节约循环利用化技术

中国是世界上农业废弃物产出量最大的国家，据统计，我国每年产生畜禽粪便量 26 亿 t，农作物秸秆 7 亿 t，蔬菜废弃物 1.0 亿 t，乡镇生活垃圾和人粪便 25 亿 t，肉类加工厂和农作物加工厂废弃物 1.5 亿 t，林业废弃物（不包括薪炭柴）0.5 亿 t，其他类有机废弃物约有 0.5 亿 t，折合 7 亿 t 的标准煤。《国家环境保护"十二五"科技发展规划》生态保护领域提出研发农村畜禽粪便、农作物秸秆资源化途径及农村清洁能源生产、利用的技术与设备。研发农村生活垃圾收集、储运及无害化处理处置技术与设备，以及农村生活污水收集、处理技术与设备。近年来，国内外农业废弃物的资源化利用技术与研究得到较大的发展，其资源化利用日益多样，总体来看，国内外农业废弃物的资源化利用主要分为肥料化、饲料化、能源化、基质化及工业原料化等几个方向。针对广东省山地丘陵土壤呈酸性或强酸性反应、有机质含量低、土壤磷含量很低、有效磷含量极低、物质循环速率较快、土壤养分缺乏、土壤沙化、水土流失严重等问题，利用微碱性高含氮和有机物质畜禽粪便与酸化贫瘠林地土壤培肥结合，既能充分进行农业废弃物资源利用和环境消纳，又能培肥地力和促进林木高效生产，达成农业废弃物资源循环利用化。

针对有机废弃物资源浪费的资源循环利用技术：在广东省丘陵山区建立以沼气为纽带，以养殖业为中心的资源再生利用的生态模式，解决禽畜养殖中大量粪便等废弃物的处理，通过微生物发酵产生沼气，取得能源，沼渣、沼液作为肥料用于经济作物的种植。

二、耕地质量动态监测管理技术

耕地是最宝贵的农业资源、最重要的生产要素。开展耕地质量监测，掌握耕地质量现状及演变规律，对加强耕地质量保护、保障国家粮食安全和农产品质量安全具有重要意义。但目前我国耕地质量监测体系存在监测点功能单一、数量偏少、共享机制欠缺、资金不足等问题，亟须完善监测体系，充分发挥监测在农业生产和耕地质量管理中的支撑作用。为此，农业部制定了《国家耕地质量监测体系建设方案》，建立了相应的耕地质量监测体系。综合考虑全国不同农业区土壤类型、作物布局、耕作制度、代表面积、管理水平、生态环境等因素，建设国家级耕地质量综合监测点 4000 个，国家耕地质量监测中心 1 个，全国耕地质量监测大数据平台 1 个。

1. 耕地质量动态监测技术

耕地质量动态监测技术主要应用"3S 技术"、高精度测量、定量遥感、无线传感器和射频识别（radio frequency identification，RFID）等技术方法，对耕地资源利用、质量演变、水土和养分流失实时动态监测，可作用于后备耕地资源调查、耕地质量监测与评价、耕地地力调查与质量评价、土地利用遥感动态监测、耕地质量等级动态监测、农产品质量安全追踪溯源、农情监控预警等方面的研究，加强耕地典型退化区土壤水分、养分与水土流失监测与预警机制研究，建立耕地质量野外观测研究及耕地保育技术应用示范基地，构建科学高效、动态更新的信息化耕地资源调查与监测技术体系，为耕地资源数量与质量管理决策提供依据。

2. 耕地资源监管信息技术

耕地资源监管信息技术主要通过耕地资源监管的时空数据组织与建库、信息共享与服务、数据挖掘与智能决策技术，利用空间数据挖掘方法、知识驱动的空间决策支持建模方法，以及云计算、SOA 服务与 Web 2 等技术建立耕地资源和质量管理信息的共享方法与服务技术体系，探索"以图管地"新机制，构建中低产耕地改良和高产耕地保育工作统一的综合监管和信息服务平台。建立华南地区测土配方施肥、耕地地力评价、土壤有机质提升技术和成果的信息管理与决策支持系统，构建耕地资源信息与保育技术的共享服务平台。

三、多功能高效型耕地改良技术

1. 天然矿物改良剂超微活化技术

天然矿物改良剂是改良强酸性、盐碱化、过砂或过黏等低产田最常用的制剂，也是对土壤理化性质影响较小、成本较低、应用较简便的一类制剂。但中国大部分天然矿物资源存在着总储量丰富，但以中低品位为主，杂质含量高，选矿富集难度大等问题。相应研制的天然矿物改良剂，由于颗粒粗、未被活化等，不但难以满足生产需求，而且效果不稳定，经常受到许多因素的限制，很容易被土壤固定或随水流失而失效，当季利用率低，造成巨大的资源浪费和农业面源污染。因此，天然矿物改良剂进行超细微化和活化处理，大幅度增加其比表面积、增强其活性，是提高对障碍因子改良针对性和效果的重要措施。

本技术主要特点：一是天然矿物改良剂的超微粉碎技术，即将矿物粉碎成100nm以下颗粒，以大幅度增加其比表面积；以超微细化磷矿粉为例，磷矿粉经超微细粉碎和超微活化处理后有效磷和活性磷含量较普通磷矿粉显著提高，其中超微活化磷矿粉有效磷较普通磷矿粉提高了 45.1%～58.7%，活性磷提高了 169.4%～203.6%。

二是表面活化技术，其增强了表面对离子的吸附和反应能力，增强了其改良效果，如高表面活性矿物及含有多种活性基团的有机物活化磷矿粉的活化（促释）技术，沸石、膨润土、蛭石、海泡石、硅藻土等高表面活性矿物及其改性产品（如铵化、酸化处理），因具有较高的表面活性、较大的比表面积和较强的离子交换能力，与磷矿粉按适当比例混合研磨后，能显著促进磷矿粉中磷的释放。磷矿粉中加入的有机活化剂主要包括腐殖酸、味精废液、康醛渣、γ-聚谷氨酸、木质素及其改性（磺化或酸化）产物等，含有大量活性基团，如酚羟基、醇羟基、羰基、羧基、甲氧基等（黄雷等，2012）。有机活化剂能通过对金属离子的络合作用促进难溶性磷的溶解，并能影响土壤对磷的吸附和解吸，减少磷素的固定和流失（毛小云等，2013）。

三是超微活化天然矿物改良剂的施用技术，如超微细化磷矿粉与有机废弃物与微生物等配合施用，一些微生物（包括真菌、细菌和放线菌）在代谢过程中产生的大量有机酸和腐殖质等代谢产物具有螯合金属离子（铁、铝、钙、镁）和降低 pH 的作用，能促进难溶性磷酸盐的溶解。目前发现的能溶解无机磷的真菌主要有青霉属、曲霉菌属和根霉属；细菌主要有假单孢菌属、无色杆菌属、黄杆菌属的某些种和氧化硫硫杆菌；链霉菌属的一些种既能分解无机磷又能分解有机磷；而解磷放线菌则大部分为链霉菌属。将超微磷矿粉与有机废弃物堆肥处理，利用溶磷微生物的溶磷作用，促使磷矿粉中的难溶性磷转化为有效磷，这是一种直接利用磷矿粉，提高磷肥利用率的一条行之有效的生物学途径。在磷矿粉与有机废弃物堆肥过程中，有机物的种类和成分、磷矿粉本身的特性、微生物的种类、堆肥条件等都能直接影响磷矿粉的溶解程度。将草类、农作物秸秆等与动物粪便混合堆肥，可产生更多的有机酸和腐殖质，有利于超微磷矿粉磷素的释放。向有机废弃物中接种高效解磷微生物（如曲霉菌、青霉菌等），添加碳、氮源，调节合适C/N等方式均可加快有机物质的分解，进一步促进超微磷矿粉溶解。

2. 生物质炭化改性活化技术

生物炭施用技术已在上文中介绍，生物炭在缺氧条件下高温裂解形成，由于灰分含量较高，主体元素为碳原子，表面有多种官能团，施加于土壤后，可增加或者维持土壤中有机质水平，同时提高土壤中 CEC 水平，培肥改良土壤，促进作物生长。生物炭能对碳进行封存，改变碳循环路径，增加土壤碳汇，减少温室气体的排放，同时能刺激硝化和反硝化作用，并减少 N_2O 的排放。生物炭灰分含量高，所以将生物炭加入土壤后能增加土壤养分有效性并减少土壤酸度，同时生物炭还具有很强的吸附能力，它可吸附土壤中的铵根离子，有效减少氮素的流失，从而达到一定的保肥保水效果。目前，更为重要的是生物炭能够有效降低金属和有机污染物的生物有效性，生物炭由于具有巨大的比表面积及丰富的孔径分布，因而可固持土壤中的污染物。

目前常用的热解生成的生物炭经常存在着比表面积小、吸附选择性能差、表面官能团数量少的性质，使生物炭对于养分的保蓄及污染物的固持能力下降。因此，对生物炭质的表面结构和吸附性质进行改良，可增加生物炭的吸附能力。可以通过对生物炭的物理结构特征改性、表面化学性质改性等方法来提高生物炭的应用效率。

表面物理结构特性改性是在生物质炭制备过程中通过调节热解温度等物理或者化学的方法来提高其比表面积、改善孔隙结构及其分布，从而提高其物理吸附性能。表面化学性质改性可通过表面氧化改性、表面还原改性、酸碱改性等方式改变生物质炭吸附表面的官能团及其周边氛围的构造，控制其亲水／疏水基团与污染物的结合能力。表面还原改性则用还原剂对炭表面官能团进行还原，提高炭表面含氧碱性基团等含量，增强表面非极性，增强对非极性物质的吸附性能。

还有更多的方法可进行生物炭改性，如把驯化后的高效复合型微生物菌群固定于生物炭结构内，能够活化生物炭；蒸汽活化生物炭能增加土壤的养分持留和植物吸收养分的能力；或者将生物炭与其他肥料进行混合加工制成一种复合材料；

复合生物炭改良剂能够延长土壤中的养分供应时间，同时增加了土壤的养分含量，促进了作物对氮、磷的吸收。以上方法能够有效消除生物炭的本身缺陷（李际会等，2012）。

3. 功能性纳米肥料/农药技术

肥料对于提高农产品质量、保障国家粮食安全等具有重要作用。然而我国肥料整体利用率低，不仅浪费了资源，造成了环境污染，还增加了农民的投入。纳米肥料是结合纳米技术、医药微胶囊技术和化工微乳化技术研发的高新技术，它包括纳米结构肥料、纳米材料胶结包膜缓/控释肥料和纳米碳增效肥料、纳米磁性肥料和纳米生物复合肥料三大类。

纳米结构肥料是采用纳米技术将难溶于土壤的天然富营养矿石，如磷矿石、钾长石、煤矸石等，采用高能球磨或液相沉淀法技术做成纳米结构肥料；或通过化学方法制备纳米结构材料，再通过吸附、吸收、反应等方法制备出纳米结构肥料；或采用纳米技术制备纳米级氮肥、磷肥，如纳米尿素、纳米磷灰石肥料等。其特点是：肥料养分和复合组分均达到纳米级标准。纳米材料的小尺寸效应使肥料带磁效应，从而使养分更易被植物吸收，有利于植物生长。另外，其表面原子周围有许多悬空键，具有很高的活性，表面效应，使纳米结构肥料表面能、表面结合能增大，利于在土壤中被植物根系吸收，提高了肥料使用的效率。纳米结构肥料还能刺激植物生长，提高植物体内多种酶的活性，提高作物产量。

纳米材料胶结包膜缓/控释肥料和纳米碳增效肥料：纳米材料胶结包膜缓/控释肥料的包膜剂和胶结剂可以使用腐殖酸、纳米高岭土、纳米蒙脱土、纳米沸石、纳米风化煤、高分子树脂、淀粉等材料，养分材料可以是有机-无机复混肥、无机复合肥、普通氮肥或磷肥等。该肥料的养分组分不是纳米材料，但其胶结包膜材料是纳米级、亚微米级材料，使肥料具有纳米材料的特性，或添加了纳米材料使肥料性能改变，肥料利用率提高。由于纳米胶结包膜剂具有较高的胶体稳定性和优异的吸附性能，可使养分被作物持续吸收，同时纳米肥料胶结包膜剂胶团直径在 100 nm 内，纳米材料的小尺寸效应使肥料带磁效应，从而使养分更易被植物吸收，有利于植物生长。常规化肥养分释放过快，与作物吸收养分不协调，施入土壤后会发生淋溶、挥发、固定等问题，纳米技术与植物营养学、肥料学、肥料制备技术结合，可解决肥料上述问题。

该类纳米肥料另一个分支是纳米碳增效肥料，如纳米碳增效碳铵。其养分组分是非纳米结构，但它通过纳米技术和氢键缔合机制，纳米碳与碳铵结晶形成共晶。在碳铵分子松散结构中，填充了纳米碳，改变了松散结构，使结构变紧密，从无序变为有序结构，使碳铵热稳定性、水稳定性提高，挥发性下降，同时可延缓铵态氮转化成硝态氮的进程，进而减少氧化亚氮排放量 70%以上，氮素利用率从 25%提高至 35%～40%。

纳米磁性肥料是以粉煤灰等磁性载体与常规肥料加工形成的低成本高效益新型肥料。纳米磁性肥料中纳米颗粒通过肥料中添加的表面活性剂均匀分散在载液中，形成稳定的具有磁性的胶体溶液，生产中在磁场作用下被磁化，可在生物的磁场作用下运动，易被植物吸附、吸收。纳米生物复合肥料是以生物学与植物学、植物营养学为依据，在肥料中加入生物有益菌种和营养组分、中微量元素等制成的。

农药是防御生物灾害、保障粮食生产的重要物质基础。但农药传统剂型存在有机溶剂用量大、粉尘飘移、分散性差等缺陷，使得绝大部分农药流失于环境中，只有不足 1%的农药作用于靶标位点，从而造成严重的环境污染。而纳米农业可改变农药理化性质，使其变为高分散、易悬浮于水的稳定均相体，充分提高农药利用率，减少农药残留，降低环境污染。常见的纳米农药剂型有三类：①利用纳米加工技术使农药原药纳米化，如纳米分散体、纳米乳等。将农药原药纳米化后，农药制剂的比表面积增大，可以改善农药在水中的分散性和稳定性，促进靶标的吸收，与乳油等传统农药相比可以显著减少有机溶剂和助剂用量。②利用纳米载体负载农药，提高环境敏感型农药（如阿维菌素）的稳定性，改善药物在作物表面的粘附性和渗透性，减少流失。此外，纳米载体能控制药物释放速度，延长药物的持效期等。③一些金属或无机材料制成纳米级微粒后具有杀菌和光催化功效，与农药复配使用，在防治病虫害后，能促进农药分解，降低农药残留。

参 考 文 献

黄雷, 王君, 廖宗文, 等. 2012. 中低品位磷矿直接利用技术研究进展. 化工矿物与加工, 41(04): 32-37.

李际会, 吕国华, 白文波, 等. 2012. 改性生物炭的吸附作用及其对土壤硝态氮和有效磷淋失的影响. 中国农业气象, 33(02): 220-225.

毛小云, 熊金涛, 黄雷, 等. 2013. 不同活化条件下磷矿粉的促释效果与结构特征. 土壤通报, (03): 684-690.

孙长娇, 崔海信, 王琰, 等. 2016. 纳米材料与技术在农业上的应用研究进展. 中国农业科技导报, (01): 18-25.

殷宪国. 2012. 纳米肥料制备技术及其应用前景. 磷肥与复肥, 27(03): 48-51.

中华人民共和国农业部. 2015. 到 2020 年化肥使用量零增长行动方案.

中华人民共和国农业部. 2015. 到 2020 年农药使用量零增长行动方案.

第八章　耕地质量提升技术集成模式应用案例

第一节　广东保护性耕作技术示范项目

广东省属于农业大省，农业在全省经济中处于重要的位置。但近年来，随着人口增加和农村经济快速发展，农业面源污染形势十分严峻，不仅直接影响了土壤、水体和大气的环境质量，还严重制约了农业增效和农民增收，并对食品安全和人体健康造成了威胁。保护性耕作技术可以克服传统耕作的诸多缺点，防止水土流失，改善土壤结构，减少土壤水分蒸发，提高水资源利用率，减少劳力、机械和能源的投入，提高劳动生产率和农作物产量，实现农业的可持续发展。

全球环境基金赠款广东农业面源污染治理项目保护性耕作技术示范环境监测咨询服务是对广东农业面源污染治理项目保护性耕作技术进行全面监测，评价其实施效果和控污减排能力的重要项目。广东农业面源污染治理项目是广东省完成国家和省环境保护"十二五"规划所要求的农业减污目标的一部分，也是世界银行和全球环境基金项目——扩大东亚及其沿海大型海洋生态系统可持续发展合作投资（全球环境基金项目编号：4635）的一个不可分割的部分。

一、示范区概况

根据广东面源污染治理项目保护性耕作技术示范环境监测任务大纲的要求，规划总试验示范面积1700亩，其中水稻800亩，玉米900亩。选取的保护性耕作点有：惠州市博罗县柏塘镇水稻保护性耕作点，惠州市平潭镇玉米保护性耕作点，江门市台山海桥农场水稻保护性耕作点，河源市连平县田源镇玉米保护性耕作点。惠州市博罗县柏塘镇和江门市台山海桥农场水稻试点的四类技术模式为：免耕机插秧、免耕直播、少耕机插秧、少耕直播。惠州市平潭镇平潭村为玉米试点有两种技术模式：免耕、少耕。河源市连平县田源镇为玉米试点有四种技术模式：免耕移栽、免耕直播、少耕移栽、少耕直播。

二、示范实施概况

保护性耕作项目于2014年6月开始试验，计划于2018年结束。截至2015年，水稻保护性耕作模式试验点效果表明，少耕直播方式，产量最高，纯收益最明显，少耕-同步施肥机插秧比（对照）常规耕作机插秧省工，可增收节支 488.64元/亩；减少施肥人工费，纯收益为 1068.64 元/亩，比（对照）常规耕作机插秧纯收益 580 元，增收 488.64 元/亩；少耕-同步施肥水穴直播，省工、省力，有利于低位分蘖和有效穗增加。同时，施肥用药强度降低，平均施肥量为 87.5 斤/亩，同比减少 11.2 斤/亩，降幅为 11.3%，农药方面普遍减少施药 1～2 次（图 8-1）。

（a）　　　　　　　　　　　（b）　　　　　　　　　　　（c）

图 8-1　广东保护性耕作技术示范项目情况

第二节　畜牧业环保型资源高效利用示范项目

　　畜禽养殖业产生的环境危害主要来源于畜禽排泄物，表现为畜禽养殖场产生的污水、粪便及恶臭气体等对水体、大气、土壤、人体健康及生态系统所造成的直接或间接的影响。针对畜牧业有机废弃物数量大、难治理等问题与林业生产的低质量、低水平和高资源消耗之间的突出矛盾，应对珠三角地区林业结构升级需求，建立以黄梁木为代表的高值、高效和高品质速生丰产林业示范基地，选育猪场有机废弃资源转化、土壤养分活化和有害物质去除的工程生物品种，研发新型生物肥料和菌剂、土壤调理剂和改良剂产品；研发与示范基于工程动物和功能微生物联合作用的林业土壤生态管理技术，构建猪场周边丘陵林业红壤生态功能恢复与重建模式；研发与示范畜牧业有机废弃资源综合转化利用技术和土壤生物有机培肥技术，构建地力提升、资源节约和化肥削减林业生产模式；研发与示范有害物质的土著生物原位联合强化降解和去除技术；建立环境友好型的环境保育和经济林业安全生产关键技术模式，实现亚热带丘陵山坡地资源节约和环境友好的"两型"林业模式在广东猪场周边山坡地的规模化应用。

一、示范区概况

　　广东省云浮市新兴县三和温氏猪场，常年温和湿润，年平均气温为 22.1℃，年平均降水量为 1546.5mm，降水主要集中在夏秋季，冬春两季降水较少，经常出现旱情。年日照时数时 1478.2h，山地土壤多为赤红壤，呈酸性，pH 为 5.0～5.5，母岩为花岗岩。黏粒矿物以高岭石为主，伴生黏粒矿物有针铁矿和少量水云母，极少三水铝石。年产猪苗 5.1 万头，周围旱坡地 400 亩，土壤呈酸性且养分缺乏，通过优化集成组装畜禽场废弃物消纳技术、水肥一体化技术等，建成畜牧业环保型资源高效丰产速生林业模式试验示范区 1 个，其中核心试验示范区面积约 150 亩。依托广东省云浮市新兴县温氏三和猪场，建立高碳汇速生丰产林技术示范区 1 个。

二、示范实施概况

针对畜禽养殖和农产品加工产生的大量难处理丰产速生林业有机废弃物造成的环境问题，利用高氮弱碱性猪粪等畜禽粪便与高碳难降解制糖废渣等农产品加工废弃物进行不同 C/N 堆肥混配，采用开发成熟的工程生物表层种蚯蚓品种赤子爱胜蚓（Eisenia foetida）和快速降解纤维素功能菌株协同作用，生物强化的丰产速生林业有机废弃物初级降解与转化工艺技术集成，利用"蚯蚓-微生物-有机物"的新型生态功能有机肥工厂化生产技术、生物联合高效转化技术和资源循环利用技术，实现资源的高效配置、优化组合、快速消纳与利用。

同时针对丘陵山区猪场等禽畜废水产量大、污染严重等问题，选择猪场附近的山地，采用水肥一体化灌溉系统，在沼液池附近最高的山头建立蓄沼液池，山脚的沼液通过化工泵抽到山顶水池，从山头至山脚铺设输水管，利用重力自压灌溉，同时监测和兑水稀释沼液的盐分，防止肥液浓度过高而烧伤根系，促进沼液在林木上的安全高效使用。以猪场废水为原料，添加矿质养分，以适宜的养分元素种类及其比例、包装和保藏技术等，开发猪场废水液体肥料生产技术。

项目实施以来，利用畜禽场废弃物消纳和高碳汇速生丰产林等技术的优化集成，在清远市清新区、佛冈县等地累计造林面积达 2778 亩（含示范区），生产木材 5.6 万 m³，产值为 4444 万，利润约为 444 万元。林木的净固碳量将达到 1.3 万 t。森林的固碳效益达到 199 万美元。林地 0～50 cm 土层将增加碳汇 1.15 万 t，土壤增汇经济效益 173 万美元。

畜禽粪便资源化利用营造速生丰产林相关技术的工艺参数，涉及高效功能菌（a15、a16）的筛选发酵、多级塘猪场废水处理系统、灌溉系统、林分种植密度等方面。通过集成组装，利用与畜禽场及周边地区相适应的高碳汇速生丰产林培育和畜禽场废水水肥耦合调控一体化技术，初步形成了猪粪生产腐殖酸复合和水溶性肥料工艺（图 8-2）。

(a)　　　　　　　　　　(b)　　　　　　　　　　(c)

图 8-2　温氏畜牧业环保型资源高效利用示范情况

第三节　废弃矿山生态恢复示范项目

矿区废弃地尾矿在氧化状态下释放大量的有毒、有害的高浓度重金属离子和 SO_4^{2-}，土壤缺乏营养元素，土质结构极差，废渣废水极易通过水土流失倾泻至下游水体或造成农田环境污染，研究显示珠江流域北江段自南向北沿线的清远市佛冈县硫铁矿、韶关市曲江区大宝山黄铜矿（DB）、韶关市乐昌区铅锌矿污染区水稻田地土壤和水稻籽粒 Cu、Cd、Pb、Zn 均存在不同程度的超标情况，大宝山大部分农田 Cd、Pb 含量超过Ⅱ级标准限值 4 倍以上，达到重度超标，严重影响粮食安全。韶关曲江区约 1 万 hm^2 稻田中，34.1%土壤 Cd 含量超出Ⅱ级标准限值，56%水稻超出国家稻米卫生标准规定限值（0.2 mg/kg）。治理酸性矿水外排造成的污染问题，重点应该放在对污染源地的治理上，即如何抑制污染源土壤/风化物/岩石中金属硫化物的氧化（即由潜在酸变为实在酸）；如何有效消除土壤中已产生的酸性物质；如何有效控制水土流失，减少外排水量。矿山污染源地往往也是生态严重退化的废弃地，所以这些污染源控制措施可以与废弃地的生态恢复/生态建设有机地结合起来，一举两得。

一、示范区概况

广东省大宝山地处粤北地区的韶关市曲江区，周边分布有很多金属矿山，这些金属矿山始建于 20 世纪 50 年代，大部分由铁、铜、锌、硫铁矿床和铅钼矿床组成。矿产资源开采和选冶，将地下一定深度的矿物暴露于地表环境，致使矿物的化学组成和物理状态发生了改变，加大了重金属向环境释放的机会，是主要的铜、铅、镉、锌污染防控区，区域面积为 307 km^2。土壤为强酸性，主要耕地类型为稻田和甘蔗地，稻米重金属镉超标率约为 30%。

二、示范实施概况

　　针对矿区废弃地土壤贫瘠、严重酸化和有效态重金属含量高导致的目前立地条件难以生长植被的现状，主要采用土壤改良剂、先锋植物与促生微生物组合结合关键水土保持工程措施建立 20 亩的水土保持工程、土壤和植物相互依存、相互促进的大宝山矿区废石场植被恢复和污染源控制工程。土壤酸度改良剂采用石灰、硅酸盐、猪粪、客土混合，可将矿山土地浸出液 pH 以 2.15 升高至 4.5～5.8，而氢氧化钙、花生壳粉、草木灰等混合制得的重金属改良剂可有效降低重金属浸出液浓度。同时，种植菊叶薯蓣、桉树和相思等三种具有重金属胁迫高适应性的能源植物，配合微生物促生作用，生长和水土保持效果良好，在废弃地表面构建了有效的生物隔离层，有效防止了重金属矿渣向下游流失，抑制了重金属硫化物的氧化溶解。运用水土保持和系统工程原理，设计水平阶、半透性排水工程和关键水土保持工程措施，提高了先锋植物对环境的适应性，更好地用于矿区污染土壤的植被恢复和重建，取得了良好的污染控制效果和示范作用（图 8-3）。

（a）　　　　　　　　　　　　（b）　　　　　　　　　　　　（c）

图 8-3　大宝山废弃矿山生态恢复示范情况

第九章　预期效益评价体系

第一节　经济效益评价

一、经济效益评价指标体系

经济效益评价体系主要基于土地整治经济效益评价，其主要目的是界定土地利用的经济效益。土地利用的经济效益是一个综合概念，反映了土地整治投入产出经济效果，与之相关的因素很多。土地整治经济效益评价指标体系的建立从影响土地利用经济水平的主要因子分析入手，既反映质量水平，又反映数量水平，从而使指标体系能够准确反映土地整治结果的状况。结合广东省土地整治的实际，选取亩产量增长率、间接的经济效益、静态投资收益率、新增耕地率等构成土地整治经济效益评价指标体系。

$$亩产量增长率(A_1) = \frac{亩产量增加值}{整理前的亩产量} \times 100\%$$

间接的经济效益（A_2）：该指标评价土地整治后产生的推动农业经济发展和提升城镇土地级差收益等方面的经济效益。

$$静态投资收益率(A_3) = \frac{项目年新增净产值}{项目总投资} \times 100\%$$

$$新增耕地率(A_4) = \frac{新增耕地面积}{项目区域建设规模} \times 100\%$$

二、经济效益评价方法

土地整治效益评价主要采用多因素综合评价。多因素综合评价就是按照一定的目标和原则，以评价单元为样本，选择对评价单元发生作用的因素和因子作为评价指标，并通过适宜的模式予以量化计算和归并，从而实现评价目标的一种方法。土地整治经济效益评价是一种多因素综合评价，其评价思路为：根据土地整治经济效益各因子及其重要程度的不同，确定评价指标体系及指标权重，在对原始数据标准化的基础上，按照指标权重，将各指标值加权求和，得到土地整治经济效益综合指数（F_i），按综合指数从大到小的顺序对各评价单元进行排序，从而定量地确定土地整治经济效益水平。

1. 调查数据处理

土地整治经济效益评价指标数据差异大，为了使指标具有可比性，依据亩产量增长率、间接的经济效益、静态投资收益率、新增耕地率等指标的特点，主要采用调查表格及问卷的形式对指标进行处理。

2. 效益评价测算

土地整治经济效益计算最终评价值，计算公式如下：

$$F_i = \sum_{j=1}^{n} I_{ij} W_j$$

式中，F_i 为 i 片区土地整治经济效益综合指数；I_{ij} 为第 i 个片区 j 指标的标准化值；W_i 为 j 指标的权重；n 为指标个数。综合评价值的大小反映了各片区项目实施效益的大小顺序。

3. 评价权重

因素权重评价采用特尔斐法（专家调查法），邀请土地整治方面有关专家参与对指标重要程度进行打分，确定各个指标的权重，其权重计算公式为

$$E_i = \sum_{j=1}^{n} (a_{ij}) / m$$

式中，$0<E_i<1$，$0<a_{ij}<1$；E_i 为 i 指标权重；m 为专家人数；a_{ij} 为第 j 位专家对 i 指标的评分值。用这种方法得出的评价指标权重如表 9-1 所示。

表 9-1　土地整治经济效益评价指标权重

指标代号	亩产量增长率 （A_1）	间接的经济效益 （A_2）	静态投资收益率 （A_3）	新增耕地率 （A_4）
权重	0.30	0.25	0.20	0.25

引自《广东省土地整治规划（2011～2015 年）》

三、经济效益评价案例

根据上述方法，以珠江三角洲平原城镇发展综合整治区、粤东沿海农村土地综合整治区、粤西沿海农村土地综合整治区、粤西北山区生态保护综合整治区 4 个片区为调查对象，统一收集和调查各类土地整治经济效益相关数据，经整理计算，得到 4 个片区各项指标量值及土地整治经济效益综合指数的标准化值，结果如表 9-2 所示。

表 9-2 广东省土地整治经济效益评价结果

评价指标 片区	亩产量增长率 (A_1)	间接的经济效益 (A_2)	静态投资收益率 (A_3)	新增耕地率 (A_4)	均值
珠江三角洲平原城镇 发展综合整治区	90	94	94	90	92.00
粤东沿海农村土地 综合整治区	88	90	90	88	89.00
粤西沿海农村土地 综合整治区	88	90	90	86	88.50
粤西北山区生态保护 综合整治区	83	89	85	85	85.50
均值	87.25	90.75	89.75	87.25	88.75

引自《广东省土地整治规划（2011～2015 年）》

从表 9-2 可以看出，广东省土地整治经济效益评价结果均值为 88.75 分，表明对土地整治区域进行资金、劳动、技术等的投入，使整治后耕地的亩产量有所提高，间接的经济效益中农业经济发展持续向前和城镇的土地补偿收益增加，经济效益显著。同时，土地整治提高了耕地质量、增加了土地产出率、改善了农业生产条件，便于机械化耕作、水利灌溉和规模经营，节水节电，有效降低了农业生产成本。

土地整治项目中，静态经济效益分析是土地经济效益的重要量化指标，在此，农用地整治主要以高标准基本农田整治作为范例分析，建设用地主要通过城乡建设用地增减挂钩为范例分析。

1. 农用地整治范例分析

根据广东省实地调查情况，通过高标准基本农田整治后，项目区内耕地亩产量提高了 10%～20%［180kg/（亩·a）］，项目片区新增耕地率约为 3%，与此同时，高标准基本农田整治后改善了耕作规模及灌溉等条件,生产成本降低了 20% 左右，农村劳动力节省 30% 左右。综合以上因素，预测高标准基本农田整治后耕地净增效益为

耕地净增效益=高标准基本农田整治耕地总面积×180 kg/（亩·a）×1 元/0.5kg+新增耕地面积×800 kg/（亩·a）×1 元/0.5kg+每年生产力成本节省的费用+每年节省劳动力费用

根据上式进行估算，高标准基本农田整治面积为 153.34 万 hm^2，总投资为 690.02 亿元，耕地净增效益可达 86.25 亿万元，假设项目的平均建设年限为 1.5 年，静态投资回收期共为 9.5 年。

2. 农村建设用地整治范例分析

广东省城乡增减挂项目是推进城乡一体化发展的重要举措，城乡增减挂项目

可以稳妥地推进撤村并点，因地制宜地撤并弱小村、拆除空心村、改造城中村，加快农村社区化改造，加大道路、通信、供电、供水等基础设施建设力度，还提高了城镇土地级差地租的收益。综合以上因素，预测整治后规划期内耕地净增效益为

$$耕地净增效益=新增耕地面积×800\,kg/（亩·a）×1\,元/0.5kg$$
$$+土地级差地租所得的收益$$

规划期内，待整治农村建设用地总面积为 7.2 万 hm²，总投资为 270 亿元，规划期内耕地净增效益可达 32 亿元，假设项目的平均建设年限为 1.5 年，静态投资回收期共为 10 年。

综上所述，土地整治项目建成后，经济效益是切实可行的，能够带动地方农业经济的发展，进一步推动土地整治工作的开展。

土地整治的实施，会促使区域土地利用结构优化，部分实施后新增耕地指标可以作为城乡增减挂指标，有力地缓解建设用地指标紧张的局面，这些挂钩指标用于工业经济建设，能产生巨大的经济效益，这对实施区域来说，同样增加了经济产出。

第二节　社会效益评价

一、社会效益评价指标体系

土地整治社会效益评价旨在了解土地整治项目的实施运营对社会产生的影响及带来的效益，来判断土地整治项目的社会可行性。评价主要内容有：增加耕地，扩大农村剩余劳动力就业、增加粮食产能、农田集中连片便于规模经营、改善农业基础条件，推广现代农业技术、降低生产成本、增加农民收入、改造村庄、改善生活环境、实现农村居民点和村镇企业集约用地，促进农村现代化建设，优化土地利用结构，提高土地利用水平等。基于广东省土地整治工作的实际及收集资料情况，评价指标主要选取以下 4 个。

（1）土地级差收益能力（B_1）：土地等级差所带来的收益，体现土地整治后土地所带来收益增加的能力。

（2）扩大农村剩余劳动力就业能力（B_2）：土地整治而带来农民就业能力的增加程度。

（3）改善农业基础条件程度（B_3）：指土地整治后产生的社会效益，如生活便利条件得到改善、交通改善等。

（4）实现农村居民点和村镇企业集约用地程度（B_4）：通过土地整治，提高建设用地集约和节约的利用程度。

二、社会效益评价方法

模糊综合评价法就是运用模糊变换原理和最大隶属度原则，考虑与被评价事物相关的多目标、多层次的各个因素，对其所做的综合评判。它是根据评价对象具体情况和评价具体目标，进行评判指标的取值、排序、再评价择优的过程。

1）因素集

土地整治社会效益因素集包括土地级差收益能力、扩大农村剩余劳动力就业能力、改善农业基础条件程度、实现农村居民点和村镇企业集约用地程度等四个方面，因素集 $P=\{p_1, p_2, p_3, p_4\}$。

2）评判集

土地整治社会效益评价建立的评价体系选用最具代表性的 4 项指标，4 项评价指标的标准值参考全国和广东省目前的土地整治情况而定，设评判集 $V=\{v_1, v_2, v_3, v_4\}$，分别表示好（80～100）、良好（60～80）、一般（20～60）、差（0～20），然后具体赋予分值。

3）评判权重

土地整治社会效益评价指标权重集为 A，采用特尔斐法，邀请土地整治方面有关专家参与，对指标重要程度进行打分，其权重如表 9-3 所示。

表 9-3 土地整治社会效益评价指标权重

指标	土地级差收益能力（B_1）	扩大农村剩余劳动力就业能力（B_2）	改善农业基础条件程度（B_3）	实现农村居民点和村镇企业集约用地程度（B_4）
权重	0.25	0.30	0.20	0.25

引自《广东省土地整治规划（2011～2015 年）》

三、社会效益评价案例

根据上述方法，以珠江三角洲平原城镇发展综合整治区、粤东沿海农村土地综合整治区、粤西沿海农村土地综合整治区、粤西北山区生态保护综合整治区 4 个片区为调查对象，统一收集和调查各类土地整治社会效益相关数据，采用模糊综合评价法测算土地整治社会效益，评价结果如表 9-4 所示。

通过土地综合整治，土地整治社会效益评价均值为 90.25，在改善农业基础条件方面发挥了重要的作用。这表明，土地整治工作不仅改善了农田的农业生产条件，提高了质量，还增强了其农业综合生产能力，为发展提供了建设用地潜力和指标。土地整治项目实施后，使广东省境内土地利用结构得以调整，田块布局更合理，道路、水利、电力等基础设施得到完善，对维持社会稳定、耕地总量动态平衡和促进社会主义新农村建设等意义重大。

表 9-4　广东省土地整治社会效益评价结果

片区名	土地级差收益能力（B_1）	扩大农村剩余劳动力就业能力（B_2）	改善农业基础条件程度（B_3）	实现农村居民点和村镇企业集约用地程度（B_4）	均值
珠江三角洲平原城镇发展综合整治区	86	85	90	96	89.25
粤东沿海农村土地综合整治区	90	88	90	92	90.00
粤西沿海农村土地综合整治区	92	86	93	91	90.50
粤西北山区生态保护综合整治区	95	90	95	85	91.25
均值	90.75	87.25	92.00	91.00	90.25

引自《广东省土地整治规划（2011～2015年）》

1）增加了耕地面积，提高了土地利用率和农业生产力

土地整治项目的实施可以对项目区内现有其他未利用地、采矿用地、废弃道路及现有耕地中的农田水利用地、农村道路等进行整理，使项目区内未利用土地得到利用，田间道路和农田水利用地得到重新规划，大大增强了农业发展后劲，提高了粮食自给率，并在一定程度上缓解了目前紧张的人地矛盾，提高了农田标准，对保持广东省的耕地总量动态平衡，促进人口、资源与环境的可持续发展具有重要意义。

2）耕地质量有了很大提高，耕地产出率增加

通过土地平整，修建农田水利设施、种植农田防护林，项目区内基础设施得到了完善，再结合施用有机肥、种植作物逐步秸秆还田等生物措施，提高了耕地质量，农业生产效率显著提高，粮食单产大大增加。

3）增加了农民收入

通过土地整治，使得土地级差收益能力增强，一方面增加了农民的土地收益；另一方面小块土地并到大块土地，使土地利用条件发生了根本改变，生产效率提高，成本降低，农民有更多自由去从事其他方面的活动，增加了农民收入。土地整治还能够改善农民生产生活条件，减轻农民劳动强度，农民居住条件也会发生根本变化。

4）提高了土地利用水平

土地整治中城乡建设用地增减挂和"三旧"改造等相关项目，大大拉动了城市的投资与消费，提高了土地利用的集约程度与效益，消除了城市中的发展痼疾与城乡二元结构，使得城市公共服务功能、保障体系惠及"城中村民"。"三旧"改造项目的实施，不仅是对城市规划与功能布局的重新修正，还使得城市竞争力明显提升，原先因破旧、环境脏乱、治安不佳、城市功能不完善等存在的价格"洼

地"也将被消除。

综合以上评价结果，土地综合整治，不仅改善了农业基础条件，还有效地增加了粮食生产能力，可以使废弃园地、空心村、工矿废弃地、未利用地、坟地及其他土地变成标准农田和优质耕地，使昔日利用率不高甚至荒废的土地得到很好利用。土地整治后农田水利设施、交通设施等基础设施的配套完善，为农村规模化、集约化、机械化生产及农户发展多种经营提供了一个良好的平台，大力促进了社会主义新农村的建设。通过农村居民点的整理，可以实现农业人口的适度集聚，引导农民向中心村、中心镇建房集聚，为产业集聚区预留了发展空间，为实现农村经济发展、农村文明建设、缩小城乡差别等创造了有利条件。"三旧"改造项目大大推进了土地资源的集约利用。

第三节　生态效益评价

一、生态效益评价指标体系

土地整治生态环境效益评价主要对土地整治项目引起的生态环境质量的变化进行评价，从而分析土地整治对生态环境造成的影响，并为改善土地整治过程中可能出现的问题提供指导依据。结合本次土地综合整治项目收集的资料数据，通过专家咨询最终建立了土地整治生态环境效益评价指标体系，并通过特尔菲法对其权重进行确定。本次构建的指标体系，选取了植被覆盖程度、水土流失程度、农田污染改善程度、土地适宜性、防护林网密度、景观改善程度等生态效益指标因子，具体土地整治生态环境效益评价指标体系如下。

植被覆盖程度（C_1）：用于反映被评价区域植被覆盖的程度。

水土流失程度（C_2）：在水力、重力、风力等外营力的作用下，水土资源和土地生产力的破坏和损失，主要评价土地整治后水土流失的改善程度。

农田污染改善程度（C_3）：评价区域内农田污染整治和改善的程度。

土地适宜性程度（C_4）：评价区域内各等级土地的面积占评价区域总面积的比重，用于反映被评价区域的土地适宜性程度。土地的适宜性是针对其用途来说的，反映生态环境质量的土地适宜性应综合考虑土壤表层质地、有机质含量、灌溉保证、地貌类型等因素。

景观功能改善度（C_5）：土地整治规划实施后与基期规划景观、土地利用格局、耕地质量等方面的改善情况的对比。

二、生态效益评价方法

土地整治生态环境效益评价主要选择定性分析与定量相结合的方法进行，定量分析的模式主要根据计算评价内容和资料拥有的程度来选择。在土地整治生态效益评价中，首先将众多复杂因素和决策者的个人因素综合起来，进行逻辑思维分析，用定量的形式表示出来，从而使复杂问题从定性的分析向定量结果转化，本书主要通过调查表格形式量化。其次是通过科学的方法计算指标权重并建立综合评价指标体系。最后对土地整治生态环境效益进行等级评判、对比分析。

为使评价指标数据具有可比性，将收集的指标原始数据进行标准化处理，然后采用特尔斐法，邀请土地整治方面有关专家参与对指标重要程度进行打分，其权重如表 9-5 所示。

表 9-5　各项评价指标权重

指标	植被覆盖程度	水土流失程度	农田污染改善程度	土地适宜性程度	景观功能改善度
权重	0.15	0.15	0.30	0.20	0.20

引自《广东省土地整治规划（2011～2015 年）》

三、生态效益评价案例

根据原始数据的标准化值及对应因素的权重，计算方案层中各因素的综合评价值，通过方案中各因素的评价值计算总目标的最终评价值，计算公式如下：

$$F_i = \sum_{i=1}^{n} W_i V_i$$

式中，F_i 为综合评价值；W_i 为第 i 个指标的权重；V_i 为第 i 个指标的评价值；n 为指标个数。综合评价值的大小反映了各项目实施效益的大小顺序。评价值越大，项目实施后综合效益越好；评价值越小，项目实施后综合效益越差，具体的实施评价结果如表 9-6 所示。

表 9-6　土地整治生态环境效益评价分值表

目标层	措施层	规划期末分值	规划基期分值
生态环境 效益 C	植被覆盖程度（C_1）	87.25	80.36
	水土流失程度（C_2）	78.50	77.13
	农田污染改善程度（C_3）	82.50	74.32
	土地适宜性程度（C_4）	90.00	85.33
	景观功能改善度（C_5）	71.75	67.45

引自《广东省土地整治规划（2011～2015 年）》

土地整治过程中生态环境的保护与发展主要依靠有效的工程措施、生物措施和科学合理的管理措施来实现。通过土地综合整治，项目区内的土地得到整治，修筑了相应水利设施、电力设施和其他配套设施。在田间道路两侧营造了农田防护林，可有效地防止干热风，使土地整治项目区的生态环境和农田小气候得到较大程度的改善，景观生态、水土保持效果明显。

与此同时，土地整治的土地复垦可以改善区内生态环境，提高区内生活质量。主要表现在：种植绿色植物吸收二氧化碳并释放氧气，对保持空气清洁和净化大气污染物具有独特作用，这种作用包括抑尘、吸收有毒气体、释放有益健康的空气负离子和杀菌剂等；扩大绿化面积，美化环境，减少噪声，甚至起到防风固沙，减少水土流失的作用；植物蒸腾可保持空气的湿度，林木可以调节温度，从而改善局部小气候；通过土地复垦，使被破坏的生态系统得到了改善，促进了整个自然生态系统的融洽与协调。

综合以上的评价结果，土地整治前生态环境效益评价值为 67.45，土地整治实施后其分值为 71.75，对比土地整治生态环境效益情况，表明土地整治生态环境效益影响分级为明显变化。经过土地整治工作，土地整治的措施实施行为和过程影响了自然生态系统的结构与功能，从而使自然生态系统对人类的生产、生活条件产生了直接和间接的生态效应。通过土地整治，可以改善区域生态环境，使农田生态界面平坦，水系通畅，护林防风，降低水、气污染。同时，景观功能的改善、植被覆盖指数的提高使得有益生物种群数量增加。通过土地整治，优化了农田小气候，减少了局部流域的水土流失，优化了生态结构，改善了生态环境。

参 考 文 献

广东省国土资源厅. 2011. 广东省土地整治总体规划(2011～2015 年).

林和明, 李永涛. 2013. 广东省土地整治与耕地质量理论研究. 北京: 中国农业出版社.

第十章 保障措施

第一节 制度保障

加强对农业结构调整的引导：制订相应的农业政策，提高耕地的比较效益，引导农业结构向有利于耕地保护的方向调整。对全省的耕地后备资源进行调查，将其统一纳入耕地后备资源项目库。在此基础上，编制土地整理复垦开发专项规划，制定补充耕地计划，为完成补充耕地任务，实现耕地保有量目标提供科学依据。

完善相关法律法规和标准：研究制修订土壤污染防治法及耕地质量保护、黑土地保护、农药管理、肥料管理、基本草原保护、农业环境监测、农田废旧地膜综合治理、农产品产地安全管理、农业野生植物保护等法规规章，强化法制保障。完善农业和农村节能减排法规体系，健全农业各产业节能规范、节能减排标准体系。制修订耕地质量、土壤环境质量、农用地膜、饲料添加剂重金属含量等标准，为生态环境保护与建设提供依据。

完善易地补充、保护耕地和基本农田制度：推动出台《耕地质量保护条例》和《肥料管理条例》，完善耕地质量保护和肥料管理的各项规章制度。完善耕地质量评价与验收相关规程，明确耕地质量红线标准，建立耕地质量评价的量化指标体系，为耕地质量保护和提升提供明确的标准和法规依据。支持地方开展耕地保护立法。有条件的地区可先行开发补充耕地，验收合格后有偿转让，用于省内的耕地占补平衡；利用信息化技术，建立省级耕地占补平衡台账及补充耕地管理信息系统，加强对耕地占补平衡及补充耕地任务的统筹管理。

完善规划许可机制：严格农用地转用的规划审批，加强建设项目规划选址和用地预审管理。所有单独选址建设项目、城市分批次建设用地和农村建设用地的审批都必须符合土地利用总体规划和城乡规划。建立建设用地共同审核制度，完善部门协调联动机制与信息共享机制。项目建设单位申报审批或核准建设项目时，必须附具项目用地预审意见；未附预审意见或预审未通过的，以及拟划拨的用地未依法取得选址意见书的，不得审批、核准建设项目。

加强项目的审批和管制：对不符合产业政策、不符合有关规划、不符合重要生态功能区要求、不符合清洁生产要求、达不到排放标准和总量控制目标的项目，一律不予批准建设。电镀、化学制浆、纺织印染、制革、化工、建材、冶炼、发酵和危险废物、一般工业固体废物综合利用或处置等重污染行业严格实行统一定点、统一规划。科学论证产业转移，严格限制污染性产业向上游地区和山区转移。对区域环境造成重大污染的产业，必须就地关停。通过多种途径向社会公布和宣传规划，鼓励公众参与监督规划的有效实施；专项检查与定期检查相结合，利用卫星遥感、规划管理信息系统等技术手段强化规划实施情况的监测力度。构建覆盖土地审批、供应、使用全过程、各工作环节紧密衔接、相关部门协调配合的联合监管体系和部门联动机制，加大对违法用地行为的处理力度。

加大执法与监督力度：健全执法队伍，整合执法力量，改善执法条件。落实农业资源保护、环境治理和生态保护等各类法律法规，加强跨行政区资源环境合作执法和部门联动执法，依法严惩农业资源环境违法行为。开展相关法律法规执行效果的监测与督察，健全重大环境事件和污染事故责任追究制度及损害赔偿制度。

建立有效的粮食安全监督检查和绩效考核机制：要逐级分解落实耕地和基本农田保护、稳定粮食播种面积和充实地方储备等任务，并作为重要内容纳入对地方各级政府尤其是领导班子的绩效考核体系。

第二节　经 济 保 障

整合粮食产能建设资金：固定资产投资、农业综合开发资金、土地开发整理资金等现有投资项目，要按照规划要求，调整资金投向，向粮食核心区和非主产区的产粮大县倾斜，形成投资合力，加大支持力度，强化投资监管，提高资金使用效益。建立和完善对基本农田和耕地保护的经济机制。建立土地开发资源补偿制度，制定鼓励耕地开发的优惠政策，补充耕地储备指标纳入有形土地市场，实行招标、拍卖、挂牌出让。

完善投入机制：建立健全以公共财政为主体的多元化投入机制，落实相关财税优惠政策，吸引社会资金投向粮食生产。政府投资重点用于农田水利、病虫害防治、土肥监测等公益性基础设施建设。创新投资机制，采取以奖代补等形式，鼓励和支持广泛开展小型农田水利设施、旱作节水工程等建设。加大土地出让收入对农村的投入，重点支持基本农田整理、灾毁复垦和耕地质量建设。加大中低产田改造力度，加快沃土工程实施步伐，扩大测土配方施肥规模。支持农民秸秆还田、种植绿肥、增施有机肥。

建立和完善经济补偿机制：制订鼓励耕地保护和基本农田保护的优惠政策，建立和完善经济补偿机制。通过财政补贴，直接增加耕地保护和基本农田保护重点地区的经济收入，提高农民保护耕地和基本农田的主动性、积极性。建立节约集约用地引导机制，设立区域产业用地门槛，通过价格和税费调节，遏制土地粗放浪费，鼓励开发使用未利用地和废弃地，推进地上、地下空间的开发利用。

充分利用市场机制：补充耕地项目可借鉴经营性房地产用地投放模式，定期、定量选择项目向社会公开招标。耕地开垦由全程管理改为两头管理，相关行政主管部门只负责项目的立项和补充耕地验收。经验收合格后的新增耕地划入补充耕地储备库，可在土地市场公开交易。

加快探索建立粮食主产区与主销区的利益联结机制：扶持粮食生产各项政策措施要向主产区倾斜，加大对产粮大县粮食生产建设项目的扶持力度，建立粮食主销区尤其是发达地区对粮食主产区的补偿制度。完善粮食风险基金政策，逐步取消主产区配套。要引导主销区参与主产区粮食生产基地、仓储设施等建设，建立稳固的产销协作机制。

第三节 技 术 保 障

加快农业科技创新，提高技术装备水平：加强农业基础性应用技术研究。在种业创新、耕地地力提升、化学肥料农药减施、高效节水、农田生态、农业废弃物资源化利用、环境治理、气候变化、草原生态保护、渔业水域生态环境修复等方面推动协同攻关，组织实施好相关重大科技项目和重大工程。整合科研院所力量，搭建基础性、工程性研究平台，突破相关制约技术，为企业和社会的商业化开发与应用提供方便。加快构建农科教相结合、产学研一体化的农业科研体系，大力推进农业科技创新。积极推进政府主导的多元化、多渠道农业科研投入机制，大幅度增加粮食科研经费，支持与粮食生产相关的基础性、前沿性科学研究，促进高新技术成果在农业领域的示范和应用。健全农业科技创新的绩效评价和激励机制。充分利用市场机制，吸引社会资本、资源参与农业可持续发展科技创新，促进成果转化。建立科技成果转化交易平台，按照利益共享、风险共担的原则，积极探索"项目+基地+企业""科研院所+高校+生产单位+龙头企业"等现代农业技术集成与示范转化模式。进一步加大基层农技推广体系改革与建设力度。创新科技成果评价机制，按照规定对在农业可持续发展领域有突出贡献的技术人才给予奖励。

提高粮食生产技术到位率：建立健全农技推广体系，完善以省、地、县农技推广机构为主体，科研单位、大专院校、企业和农业社会化服务组织广泛参与的新型推广机制。积极推进基层农技推广机构改革，因事设岗，尽快定岗定编。积极吸引大中专毕业生投身农技推广事业，改善农技推广人员知识结构。开展粮食高产创建和科技入户活动，集成和展示、推广先进实用技术。引导和鼓励涉农企业、农民专业合作经济组织开展粮食技术创新和推广活动，积极为农民提供科技服务。完善农民科技培训体系，调动农民学科学、用科学的积极性，提高农民科学种田水平。强化人才培养。依托农业科研、推广项目和人才培训工程，加强资源环境保护领域农业科技人才队伍建设。充分利用农业高等教育、农民职业教育等培训渠道，培养农村环境监测、生态修复等方面的技能型人才。在新型职业农民培育及农村实用人才带头人示范培训中，强化农业可持续发展的理念和实用技术培训，为农业可持续发展提供坚实的人才保障。

加快发展化肥、农药和农机装备制造等农用工业，加强国际技术交流与合作：借助多双边和区域合作机制，加强国内农业资源环境与生态等方面的农业科技交流合作，加大国外先进环境治理技术的引进、消化、吸收和再创新力度。为粮食生产发展提供物质保障。针对我国氮、磷肥产大于需、钾肥严重不足的状况，优化氮肥企业结构，建设大型氮肥生产基地；积极开发钾肥资源，扩大生产规模，加快发展复合肥、缓释肥、生物肥料等肥料生产。严格农药生产行业准入，加快生物农药和施药器械研发，加强产品质量管理，鼓励发展高效、低毒、低残留农药，大力推广生物防治技术。加强农机研发能力建设，加快先进技术引进、消化、吸收，提高农机科技成果转化能力，加快研发制造复式作业和节约环保型农机具，改善农机产品试验鉴定手段，保障农机产品质量安全。